中国乡村建设系列丛书

把农村建设得更像农村

金山村

胡鹏飞　周杰军　著

江苏凤凰科学技术出版社

序

　　金山村是湖南省郴州市汝城县的古村落，如果建设速度过快，对古民居的破坏性也比较大。村落里新建房屋数量很多，新房与古村非常不协调。金山村有几处国家级和省级保护的祠堂，品质和规格都很高，因而在文物保护体系中占有重要地位。对于金山村项目的建设，我们的初衷是：第一，祠堂文化在中国古村落保护、古村落激活及村民自治中是一个重要元素。家谱、村规民约、自治、道德，无一例外均源于祠堂。如今，很多人觉得祠堂没有太大用处，但过不了几年，它就会再次进入乡村振兴和乡村自治的视野。第二，尽管湖南农道建筑规划设计工程有限公司（以下简称"湖南农道"）当时刚加入北京市延庆区绿十字生态文化传播中心（以下简称"绿十字"），但在沟通过程中，我们发现，双方的设计理念与设计能力高度契合，所以将金山村项目委托给"湖南农道"。第三，在乡村建设、古村旧城保护、农旅结合、村庄再造的过程中，有很多村庄与金山村类似，如何在这类项目中有所革新、有所提升？这也是选择建设金山村的理由。第四，将"绿十字"的"软件"设计应用于项目建设，将家谱祠堂与村民自治相结合，形成村建、党建、家建三建合一的现代管理和自治模式。基于这四点，我们开始了金山村项目建设，同时将"软件"、品牌、包装、设计、区域性广告、人才培养、环境改造有机结合起来。

　　《爱莲说》的作者周敦颐曾在这里担任县令。如何将《爱莲说》描绘的画面与设计有机结合起来？这是一个亟须解决的问题。

　　金山村周边大多种植水稻，我们原本想将20多公顷的水稻田作为荷花田，但县委领导高瞻远瞩，最后打造了0.8平方千米的荷花田，荷花田让村落变得更加"诗情画意"。在将近1平方千米荷花田的基础上，又形成了新的产业——莲子加工业。在这样的背景下，金山村慢慢地将古村落和新村落有机结合，并重新融合旅游、产业以及荷花田的种植与栽培。这既在情理之中，又在预料之外。

因此金山村慢慢变成了汝城县内以周敦颐的《爱莲说》为主题的文化旅游地，营造了有视觉冲击力的"爱莲说"文化。这也是一次将文化融入生活、生产的视觉艺术尝试，使艺术氛围更浓厚，让村民更加爱护自己的村庄，增强对家乡的自豪感。

金山村项目建设旨在探索一种乡村治理方法，从而广泛适用于旧村保护和新村激活实践领域。这对设计师及对未来的乡村建设提供了良好的指引和颇具价值的参考。

金山村项目是由"绿十字"的孙晓阳、胡静、叶榄、唐建伟协助"湖南农道"完成系统性的乡村建设。在此阶段，"绿十字"已经由原有规划设计进入系统性的乡建过程。过程虽然漫长，但我们开始走进乡村，走进农民。我们学着"懂农业、爱村民、爱农村"，投身于"乡村振兴、美丽乡村、生态修复"的伟大事业。所有经验均来自每个项目的成功和失败。经过不懈努力，"绿十字"和农道团队在近年来迅速成长，每个项目都是团队成员共同努力的结果，而今天的农道联众（北京）城乡规划设计研究院有限公司正是得益于此。

孙君："绿十字"发起人、总顾问、画家，中国乡村建设领军人物，坚持"把农村建设得更像农村"的理念。其乡村建设代表项目包括河南省信阳市郝堂村、湖北省广水市桃源村、四川省雅安市戴维村、湖南省怀化市高椅村等。

目 录

1 激活古村

1.1 初识乡村

项目名称：汝城金山村

项目性质：优化（提质）项目

用地面积：0.87 平方千米

项目位置：湖南省郴州市汝城县土桥镇金山村

居住人口：2437 人

建设时间：2015 年 7 月至 2017 年 11 月

总体定位：文化旅游，安居乐业

城市化的进程大步向前，过去这三十年在经济加速发展的同时也促进了农村的消亡，许多村庄逐渐变得"空心"，回不去的故乡已成为很多城里人心里到不了的远方，金山村也不例外。

金山村是中国古村落和祠堂文化的缩影。金山村坐落于文化古城——汝城，这里与北宋理学大家周敦颐有着千丝万缕的联系。

因高速公路还在建设中，从郴州市区开车到汝城县金山村，走普通公路大约需要3小时。2015年，设计团队第一次来到金山村考察，来的路上是翻山越岭，眼前的景象是除了山还是山，真正领悟到郴州为什么被人们称作"湖南的南大门"。当时，设计师很好奇，这个"金山村"的"金山"是一座什么样的"山"？有何特别之处？

村书记带领设计团队乘车来到金山村的村口，徒步进村，顺便看看村庄外围的整体环境。村口是近几年才迁到这里，新盖了牌坊和招呼站。经过牌坊，走上一条笔直的进村柏油路，给人的感觉比较生硬。新种的绿植也与城市道路种植方法一样，4米一棵，排得很规整，缺乏生机，显得不自然。这不是乡村应有的感觉，更不像一个古村的村口。往村里走，公路两旁都是农田，公路尽

进村主干道现状

村庄整体风貌现状

村庄整体

头是一群像火柴盒子一样的红砖房。整体看金山村，四周全部被农田包围，像一个僻静的小岛，显得格外宁静和神秘。

走进村庄，道路两边是停车场和活动广场。广场旁边有个绿化休闲广场，栽满苗圃，而地面上遍布青苔。广场周边的火柴盒房子一栋挨着一栋，好像城里的安置房。房子的外墙面已经涂上青砖样式的涂料，窗户换成木质窗户，屋顶加建小青瓦的坡檐，整体看上去有古村的味道。这片改造后的房屋是村庄的

村庄停车场与活动广场

核心地带，映入眼帘的是古祠堂和古民居。村书记说："村庄中大大小小的祠堂一共有七座，以点状样式分布在村庄里。村民以姓氏为单位，围绕祠堂集中居住。随着村庄人口的增多和生活需求的改变，村民在古民居外围盖起新的楼房。"如果站在村庄外围一眼扫过，这只不过是一个普通得不能再普通的中国乡村，并不会给人留下深刻的印象。

这个村庄因为有了祠堂，有了历史文化的沉淀，便有了人气，有了故事。金山村以李氏、叶氏、卢氏三大姓氏为主。祠堂记载着一个家族过去的荣耀与辉煌，也鼓舞着后人。走进一个祠堂，犹如走进一个历史长廊，祠堂里有着说不完的故事。三个姓氏的组长介绍了村庄的情况和发展历史。

卢氏组长卢爷爷介绍道，金山村原名"荆山村"，过去野草荆藤遍布，故名"荆山"。先民依靠勤劳和智慧，开辟山地，把荆棘之山变成一座"金山银山"。后来随着人口的增多，兴修祠堂，每个姓氏集中以祠堂为中心居住。同时，这里山区的强盗比较多，每家每户为了相互照顾，盖房时一排排规整布置，形成了狭长的巷道，就算强盗进来也很难走出去。每户房子的窗户都是直棂窗，窗洞普遍偏小，也是为了防盗。

明朝　　　　　　　　　　　清朝

1980 年　　　　　　　　　2011 年

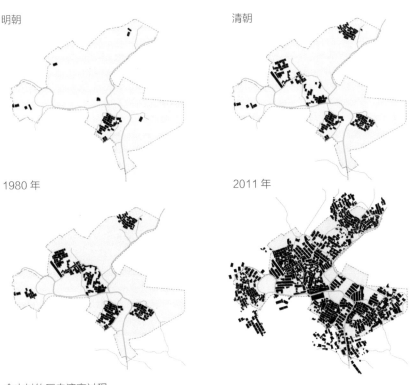

金山村的历史演变过程

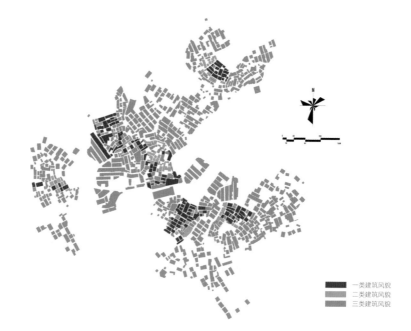

一类建筑风貌
二类建筑风貌
三类建筑风貌

村庄建筑风貌分析

一层建筑
二层建筑
三层建筑

建筑层数分析

建筑年代评价

明代以前
清代
20 世纪 50 年代后
20 世纪 80 年代后

保护要素分布

全国重点文保单位
文保单位
古树
石井

村民李大爷向设计团队介绍了当地民俗文化和传统手工艺。每到春节，村里到处洋溢着欢乐祥和的节日气氛，舞龙舞狮、"装故事（故事会）"、过火山、秧歌腰鼓、踩高跷等民俗表演精彩纷呈。此外，村民为了祈求风调雨顺、五谷丰登，还举办香火龙民俗活动，吸引附近村民和外地游客前来观看。香火龙是村民运用传统手艺，用稻草编织而成，长度达 50 米，在稻绳上点上香火，场面十分壮观。村里很多老人还保留一些传统手工艺，传统手工艺制作技术一代代完好地传承下来，比如，红木龙雕刻、竹藤椅及其他竹篾工艺品制作等。

传统手工艺

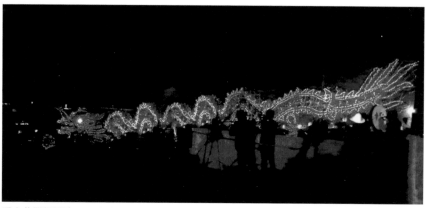

香火龙民俗活动

叶大爷作为老村长介绍了村庄的现状，在政府的支持下，村庄外围新修了环村公路和进村主干道。现在的金山村交通很便利，距离县城 7 千米，位于县城东北部，隶属于土桥镇，村庄辖区总面积约 5.63 平方千米，环村公路以内的

空间肌理和主要交通分析

用地面积约 33 公顷。辖 15 个村民小组，1 个居委会，共 694 户，2437 人。村庄经济以农耕为主，农业种植以水稻、玉米为主，养殖品种以鸡、鸭、鱼、牲猪为主。

2010 年，金山村被列入省级第三批"历史文化名村"，卢氏家庙（叙伦堂）、叶氏家庙（敦本堂）被列入国家重点文物保护单位。2015 年之前，汝城县政府已经对村庄完成一期提质改造工程，金山村是 3A 级景区。2015 年 10 月 3 日，汝城县政府邀请"绿十字"，希望把金山村打造成一个 4A 级景区，进行整体村庄的规划和产业布局，让金山村迈上一个新台阶。

1.2　总体定位

传承并发展农耕文明，打造荷莲文化景观，配置其他传统农作物，形成多元化的农业景观形态；生产全天然有机农作物，使村民安居乐业。

挖掘祠堂文化的潜力，并使其得以传承和发展，弘扬传统文化；内修伦理，外树道德，建设和谐的邻里关系；以周敦颐思辨的哲学理念传承并发展理学文化，让理学文化融入人们的生活，开启民智。

通过优化古村环境，激活闲置的古民居群落，带动当地旅游业的发展，从而使古民居得到保护并重焕活力。

建设一个"乡村共同体"，发展养老互助式金融，推动无忧养老的金融模式，推行并贯彻环境资源分类和垃圾回收，改良土壤，营造良好的乡村环境。

1.2.1　村民意愿

金山村作为一个历史文化古村，传统建筑保留得比较完整，老百姓对这些古民居有保护的意识，却不知道具体的保护方法，随意用红砖堆砌，反而对古村落整体风貌造成破坏。近年来村民数量不断增加，新房大部分修建在村庄外围，古民居得以被保留下来。

但这些古民居无人看管，倒塌严重，村民迫切希望政府对其维修和管理，期待美丽乡村项目建设给村庄带来新的希望。新盖的楼房大多是红砖房，色彩和整体风貌与古村不协调。因资金有限，村民盖房只注重房屋体量关系，没有多余资金进行房屋内外的装饰，甚至不安装门窗，致使房屋成为"空壳"。村民们都希望：一是通过政府的优惠政策，对房屋外立面进行改造，让房子变得更漂亮；二是通过美丽乡村项目建设为村庄创收。例如，游客增多时，可引入旅游，使当地老百姓通过经营饭店、旅馆来增加收益。

对于部分危房改造，贫困村民的热情很高，但是对于普通民居的改造，部分村民由于这几年的几次修整改造并没有带来太大变化，所以投入和改造意愿不是很强烈。随着项目施工的顺利开展，部分村民看到了房屋改造所带来的变化，享受到新建基础设施的便利，才开始积极支持并配合项目改造。

每个村民都希望能在美丽乡村的项目建设中受益，这是他们的出发点和立足点。我们应最大限度地尊重村民意愿，保持乡村特色，不给村民增加负担，让大家过上幸福的生活。

1.2.2 政府意愿

扶贫工作一直是汝城县政府的重点之一，依托于汝城县的自然资源优势，发展休闲度假文化旅游是脱贫的一个重要突破口。2014 年，金山村被列入"全国乡村旅游扶贫重点村"。政府为了早日把金山村打造成文化旅游点，帮助村民脱贫致富，在 2015 年聘请"绿十字"和"湖南农道"对金山村景区开发建设进行全面规划和产业布局，启动"金山莲颐项目"，重点打造理学文化展示和生态休闲旅游。

目标：利用金山村自身自然环境和人文资源优势，以"打造历史文化旅游名村"为目标，大力发展产业，为老百姓谋福利。主要工作包括以下几个方面：

1）引入荷花种植产业

政府为鼓励村民种植荷花发展经济产业，为每户种植荷花农户免费提供荷花种苗，并且聘请荷花种植专业技术员指导农户；对于荷花种植做得好的农户给予现金奖励，做得不好的农户则减少资金补助；发展莲子加工产业，引进加工设备。在荷花盛开的旅游旺季，村民在自家门前售卖自家产的莲子和其他农产品，真正实现自产自销。

2）打造"龙腾生态园"

利用村里大量闲置土地和贫困户的土地资源，进行土地流转。汝城龙腾金山生态庄园发展有限公司（以下简称"龙腾生态园"）接手流转土地，成立蔬菜、苗木种植基地。村民赚取了可观的土地租金，同时这些种植业给村里增加了就业岗位，满足村民"在家门口就业"的愿望，有效减少了村里的留守儿童、空巢老人的数量。

3）引入"龙腾花卉产业园"

汝城金山花卉产业发展有限公司（以下简称"龙腾花卉产业园"）一期在村里建设八个大棚，占地 3.2 万平方米。农户可采用土地入股的方式，获得可观的股金。该项目采用"企业 + 专业合作社 + 农户"的形式，让扶贫户参与进来，同时解决当地群众就业问题。

1.2.3　设计师意愿

1）景观设计理念

以满足农民的生产生活需求为目标：主要完善村里的基础配套设施建设，不大拆大建，保留古村原有的景观风貌，保证环境干净、整洁，每处是风景，处处可拍照。

景观改造材料的运用应尊重金山村本地材料风貌的特征，就地取材，如使用青石板、青砖、鹅卵石进行室外地面铺装。尽量保留原有菜地，增加用竹子和木材制作的菜园篱笆，重点区域的景观节点可采用水缸、本地石磨等材料来点缀造景。

景观植物以本地树种和果树为主，避免运输成本、后期维护和打理费用增加。减少景观苗木的运用，尽可能采用经济植物，营造周边景观。

荷塘景观

2）祠堂设计理念

祠堂文化作为家族精神的寄托和村落文化的象征，应当予以保留和维护，并且一代一代地传承下去。

祠堂除了是祭祀供奉祖先、举办红白喜事的公共场所，还承载着一个村落、

国学、理学课堂

祠堂内部婚庆布置

一个家族几百年甚至上千年的历史文化。它延续着中华同宗子孙的血脉与亲情，因此可以通过收集家族历史文物、历史故事，直观地延续村庄、家族的历史文化，同时作为加强同姓氏之间沟通与联系的桥梁，通过激活祠堂所承载的传统功能，赋予其全新的历史意义。通过表演、仪式等对历史文化的宣传与展示活动，为各祠堂注入不同主题的文化理念，强化并丰富其功能，弘扬传统文化。

3）古民居设计理念

保留古村的原始肌理及历史痕迹，以室内改造为主，以外部修缮为辅，加强室内的通风和采光，注重环境整治。

在室内改造方面，在保留原有建筑风貌和人文情怀的基础上，营造一个写意、自在、简练的艺术空间。

整个村庄中，古老的建筑散发着湖湘古老文化所特有的意蕴，为村民的房屋改造提供了指引。这里的古民居是湘南特色传统民居的缩影，镌刻着城市文明史，像一件件立体的艺术品，构成一幅灿烂辉煌的历史画卷。随着城市的不断改造，古民居日趋衰退，甚至有些古村已经消失殆尽，但传统民居作为历史见证者的一部分，仍然值得细细品味，精心保存。

古民居改造选址基本定在祠堂周边，改造后效果显著，可以更好地支持各种商业模式的有效植入。

古民居改造实景

2 金山村今与昔

2.1 改造前的金山村

金山村是一个典型的湘南古民居建筑群，就像一颗"沧海遗珠"，在湘南边境上沉睡许久。村里的古民居因无法满足现代人的居住要求而被闲置，部分倒塌，无人管理。走在古民居巷道中，炊烟袅袅的几户人家只有老人的身影，难免让人心感凄冷。

2.1.1 金山村原貌

金山村背靠山群，处于农田环抱之中。在村庄西北边有两座水库，源山水库和麻花垄水库，隔壁村庄有一座刘家岭苗子门水库。源山水库与刘家岭水库的水流穿过金山村的农田后，在东面的入村主干道交汇，流向东北边的村庄。水库滋

村庄整体风貌现状

养着金山村和农田，这里几乎没有任何地质灾难，使得村庄不断壮大，村落文化流传至今。

金山村房屋布局密集，村中心为祠堂和古民居群，村民基本上生活在村庄外围。在村庄西北边有经济产业，引入两个外来企业新修建的建筑物，分别是"龙腾生态园"的仿古建筑和"龙腾花卉产业园"的钢结构厂房。

2.1.2 村头

村头主干道约 800 米，主干道两旁为大面积的农田，目前主要种植水稻，部分用地闲置。村中心广场设计得较为生硬，缺少人性化的景观空间，村头现有的景观绿化缺乏亮点。

村头现状

2.1.3 水资源

村西北山上有两个水库，水质较好，春夏季水量较大，秋季水量开始减少，冬季为枯水期——部分区域呈现缺水状态。农田中部有一条由西南—东北方向的水渠，水量较大，水质良好，清澈见底。

2.1.4 祠堂

1）叶氏家庙敦本堂

叶氏家庙敦本堂始建于明弘治元年（1488年）。整栋建筑由朝门和家庙构成，家庙为面阔三开间两进深和一天井组成的平面空间，总建筑面积为178平方米。敦本堂在金山村的所有祠堂里建筑整体尺度偏小，但建筑的雕梁画栋、古风古韵和祠堂保存的完整度是其他祠堂无法与之媲美的，在整个汝城县别具特色。目前，敦本堂是全国重点文物保护单位。

走进朝门，便会被门楼上端的鸿门梁雕刻所吸引。鸿门梁为三层镂雕，双龙戏珠樟木梁，图案结构对称。云水纹环绕，层层相扣，木雕技艺极为高超，令人叹为观止。中厅的后壁为全落地三开间木板墙，正中大门背面饰云龙腾飞图，气势磅礴，靠下端的红色底板上书写着16对32条"报条"。记载着叶氏子孙外出做官人员的姓名和官职，以激励后人。后厅面积相对较小，神龛用于供奉祖先牌位，为五对精雕隔扇，保留至今。敦本堂是金山村祠堂中比较久远的古祠堂，也是修复痕迹最小、保存最完整的古祠堂，风格古朴，雕刻精美，布局别具匠心。

敦本堂中厅现状

2）卢氏家庙叙伦堂

"楚国之南皆为名家，家声远播耿朝纲。"是宋太宗赵光义为嘉奖卢氏先祖的丰功伟绩所赐的诗，则卢氏家庙的叙伦堂又称"南楚名家"。

卢氏家庙叙伦堂始建于明万历三十三年（1605 年），为面阔三开间三进深和两天井组成的平面空间，总建筑面积为 367 平方米。站在叙伦堂的前坪可以看到高平屋饰重檐彩绘歇山顶，做工精细的如意斗拱，侧墙为三重封火墙。额枋题鎏金阳文"南楚名家"榜书大字，整体给人形制雄伟、气势非凡的感觉。叙伦堂是金山村祠堂中体量最大的祠堂，位于金山村正中心，也是人流量最多、利用率最高的一个古祠堂，是金山村的"名片"之一。

叙伦堂门楼现状

3）李氏家庙陇西堂

李氏家庙陇西堂始建于明万历四十八年（1620 年），由门楼、前厅、后厅和天井构成，为面阔三开间两进深的平面空间。陇西堂坐南朝北，砖木结构，占地面积为 204 平方米。相较于金山村其他祠堂，陇西堂的整个建筑体量比例适中，长、宽、高的尺寸比较协调。门楼为单檐歇山式青瓦布顶，三重封火墙，鸿门梁三层镂雕双龙戏珠，图案左右对称。梁枋正中刻着"李氏家庙"，走进祠堂，可以看到神龛柱横梁上悬着"陇西堂"匾额。据说，当年李世民登基后，诏令天下，天下李氏为一家，不分派系，同为陇西籍，供奉"陇西堂"，陇西堂因此得名。有李氏家族居住的其他地区也可以看到有祠堂取名为"陇西堂"。金山村的陇西堂近几年经过翻新，修复痕迹比较突出，整体上颇为干净、整洁。

陇西堂门楼现状

4）李氏家庙别驾第

　　李氏家庙别驾第也属于李氏家族，位于金山村的田心组，始建于明朝晚期，总建筑占地面积为191平方米，硬山顶，砖木结构建筑。从外观看，体量形态类似卢氏的叙伦堂，门楼同样有如意斗拱，歇山式屋顶青砖墙体和三重马头墙，只是空间的组织形式不一样，由朝门、大厅和明堂组成。家庙为面阔三开间三

别驾第门楼现状

进深和一天井组成的平面空间，经过朝门进入祠堂大厅，可以看到石柱雕刻成竹节状，这是明代祠堂的典型特征。明堂设木隔扇门神龛，神龛里面供奉李氏祖先主牌。该祠堂的使用率不高，管理不够完善，祠堂前坪甚至内部随处可见鸡鸭走动，整体环境有些脏乱。

5) 叶氏家庙大夫第

叶氏家庙大夫第始建于明末清初，位于金山村上叶家中心位置，坐西南，朝东北。该祠堂是金山村所有祠堂中体量最小、风格最朴实的祠堂，硬山顶，砖木结构，双重马头墙，为面阔三开间两进深和一个天井组成的平面空间，总建筑面积约143平方米。整个建筑没有过多的雕刻装饰细节，因年久失修，部分木结构已损坏。

大夫第门楼现状

2.1.5 传统民居形式

金山村保存完整的古民居，保留了明清时期古民居的建筑风格。古民居皆为硬山顶，形制方正坚实，整体简洁、明朗，给人稳重、踏实且端正之感。建筑形式分为青砖青瓦和夯土墙青瓦两种形式：砖瓦是以青灰色为主调，色彩清淡而精美；夯土墙以浅黄色为主调，色彩明朗而朴素。有些青砖房古民居使用砖雕、石雕、木雕，雕刻精美，工艺精湛。

夯土墙古民居

古民居

2.1.6 金山村原貌所面临的突出问题

（1）古祠堂文化丰富，且保留得较为完整，但目前祠堂仅作为家族承办红白喜事之用，人们的参与度和体验感较差，且介绍和宣传较为简单。

（2）村庄内新老建筑混杂，新建建筑的风格杂乱无章，缺乏整体感，影响了古村落的整体风貌。

（3）村庄内保留了大量古民居，建筑布局密集，内部空间功能老旧、阴暗潮湿，无法满足现代人的生活需求。古民居使用率不高，缺少管理，部分倒塌严重。

（4）村庄周围有大量土地，杂草丛生，未能充分利用。

（5）虽有一条由西北边山上流下来的溪水横穿村落中心，但这部分溪水仅作农田灌溉之用，且清澈的溪水流经村庄之后，已成为一条浑浊的臭水沟，上面漂浮着大量塑料垃圾。

（6）村庄的主干道景观过于单调，入村感受过于平淡。

青砖古民居

古民居设计手稿

2.2　改造后的全貌

经过两年时间的建设，整个村庄依偎在一池池荷花之中。村庄外围的红砖房经过外立面改造，完全融入古村的整体基调，环境氛围变得古香古色、和谐统一。基础设施得到进一步完善，古民居得以保护和开发利用，引入新的产业，基本可以满足村民的生产生活需求。整个村庄变得热闹起来。

2.2.1　荷塘景观

荷塘改造以荷花景观为主题，着重将莲花文化与理学文化有机结合，使人们更直接、形象地了解理学文化和莲花品格。来到金山村，首先映入眼帘的是大面积的荷花美景，夏雨清凉，荷花竞相开放。远远望去，一片绿色的海洋，在清早微风的吹拂下，更显摇曳生姿。这是金山村白莲基地，为方便游客观赏荷花，还建有几条木质游道。金山村的乡建工作开始后，村头主干道两旁种植了 0.8 平方千米的广昌白莲，占据金山村辖区面积 5.63 平方千米的七分之一。

荷塘实景

2.2.2 村头

对原先简陋的招呼站进行改造，在原本无特色的站点加建了美人靠座椅，使其兼具休闲与站台功能。改造后的仿古屋檐特色十足。

招呼站改造前实景

招呼站改造后实景

2.2.3 村部

针对村部大楼，加建屋檐，改造木质立柱，实现了"旧貌换新颜"。

村部改造前实景

村部改造后实景

2.2.4　戏台

　　2016 年 11 月，戏台正式投入使用，村民自发组织民间戏曲团。简简单单、热热闹闹，这就是金山村民的日常生活。

民间戏曲表演

2.2.5　古树广场

　　在原本空旷的古树广场加建了凉亭和桌椅，为原本无生气的广场增加了休闲和聚会的功能，成为村民和游客新的休闲聚集地。

古树广场改造前后对比

2.2.6 茶室

重新布置茶室，赋予其全新的功能。室内一层分为办公区、展厅、厨房、卫生间及楼梯间；二层阁楼为一个套间，过渡空间为一个书房。将办公区的隔墙打通，拆除阁楼，形成挑空大空间，兼具餐厅和茶室功能。为了更好地解决室内采光问题，在每个房间的屋顶加建采光玻璃，这样躺在床上便可欣赏蓝天白云。室内装修材料全部就地取材，古朴且环保。重新布置室内灯光，使空间更加和谐、温馨。

茶室改造前实景

茶室改造后实景

2.2.7 祠堂

目前，大夫第已基本完成修缮工作，其他祠堂还有待施工。

大夫第祠堂改造前实景

大夫第祠堂改造后实景

2.2.8 生活变化

金山村充分挖掘旅游资源，带动村民逐渐富裕起来。宽阔的入村和环村公路两旁干净整洁，房前屋后看不到垃圾。绝大多数村民在村庄外围建了新居，村子周围环境整治一新，标准的柏油路、草坪、休闲场所随处可见。大家悠然自得，日子过得很惬意。

3 乡村营造

3.1 设计思路

古村的设计注重文物保护，重在对建筑的原样修复；环境营造重在与古村整体环境和谐统一，保留乡村原有的自然气息。在建筑设计和景观营造方面，无须过多设计痕迹，在还原古村原貌的基础上激活古村，丰富古建筑的使用功能，植入新的业态功能。同时，提升古村的基础设施建设，加大整改环境卫生教育的宣传力度，让金山村成为适合居住并体验古祠堂文化、古民居生活的一方宝地。

3.1.1 分析

金山村是国家 3A 级旅游景区，同时是湖南省历史文化名村之一。县政府以"把金山村打造成国内外知名的休闲度假文化旅游地"为目标，近几年加大对村庄的乡村旅游建设力度，加强基础设施建设，引入经济产业。采用"政府引导、村民主体、公司开发、市场运作"的模式，成立汝城县金山古村文化旅游开发有限公司。项目建设内容包括：莲花种植开发、"龙腾生态园"和"龙腾花卉产业园"建设、古民居和古祠堂修缮开发、民居外立面改造、游客服务中心及旅游配套设施和业态培育等。

1）概况分析

（1）区位交通。

汝城县为"鸡鸣三省、水注三江"的省级历史文化名城。

通过平汝高速公路和夏蓉高速公路，可直达汝城县。得益于这两条东西南北向的高速公路，汝城县与周边城镇的联系更加便捷与紧密，带动了汝城经济、文化、旅游等产业飞跃式的发展。夏蓉高速公路将汝城与郴州市区的距离缩短至1.5小时之内的车程，使汝城进入"高铁时代"，享受高铁带来的旅游新机遇。

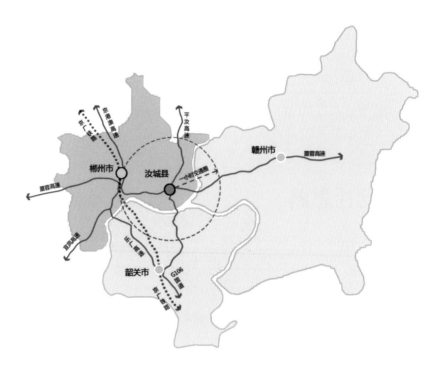

区位交通

（2）旅游景点。

汝城县是一个拥有千年历史的文化古城，文化底蕴丰厚。汝城是理学文化发源地，也是农耕文化发祥地，相传炎帝神农在此农耕做耒耜。汝城是最早策划湘南起义的地方，是红色文化策源地。县内有保存完好的300多座古祠堂，是祠堂文化富集地。

汝城县周边旅游资源丰富，拥有热水温泉、濂溪书院、汝城老街、九龙江森林公园、仙观道教景区等自然人文旅游资源。通过近几年的建设，汝城县已成为湘粤赣"红三角"旅游集散中心、华南休闲避暑旅游胜地、中国优秀旅游城市、国际一流温泉旅游目的地。

旅游景点

（3）城市规划。

根据2009年编制的《汝城县县城总体规划（2009—2030年）》，"湖南农道"以将汝城建设成为湘东南门户、湘粤赣边际现代服务中心、山水生态宜居城市、华南文化旅游胜地、理学文化名城为目标。

在乡村建设中，"湖南农道"控制规模，完善功能，保护文化，美化环境，加大公共基础设施和文化设施的建设力度，注重对历史文化遗存区域的挖掘整理和保护开发，通过保护与改造，进一步整合传统文化资源，不断提升汝城文化软实力，增强城市魅力，改善人居条件。

金山村抓住汝城县发展文化旅游政策的机遇，凭借地理优势和文化资源，使政策支持成为金山村发展的强劲动力。

城市规划

2）村头空间分析

村头是认识一个村庄的"第一印象"，可以说是村庄的"名片"，应突出本村特色。现有村头的建筑和景观缺少历史气息，现代材料的运用使得整体环境具有过重的工业味儿，没有停留的空间和村庄介绍。古村的提质改造工程应当从村头开始，由外而内，移步易景，营造不同的村落场景。

3）村头绿化分析

村头主干道两旁的景观绿化过度园林化，植被种植品种单一。设计师应考虑多种植本地果树，从而减少植被养护管理费用和人工成本。同时，种植果树可以吸引鸟儿回来，降低主干道两旁的千亩稻田被病虫危害的概率，力求让生态环境达到平衡。荒废的农田若不能种植水稻，设计师应考虑因地制宜地种植其他经济作物，让土地得到最大化利用。村中心广场设计应多考虑村民生活的使用功能，绿化切勿园林化。静躺在青山绿水中的乡村不缺少绿化景观，缺少的是留给村民的活动空间。

荒废的农田

村头现状

4）水资源分析

村庄中虽有水渠经过，但水渠无蓄水功能，无水坝，枯水季节水渠呈缺水状态。水渠的水是从村庄后山流下的山泉水，水质清澈，经过村庄时没有被储存、利用就流走了。水渠是新建的渠道，主要功能为泄洪与村庄排污。水渠的利用率不高，景观效果差。如何把水引入古村、扩宽水域、打造水景、方便村民使用是"湖南农道"设计的重点任务。

村中水渠

村中河道

5）祠堂分析

村庄祠堂主要用于祭祀、议事、祝寿、丧礼、年节等场合。如今，祠堂的使用功能减少很多，多处祠堂大门紧闭，只有家族成员有事商议时才打开，祠堂内部格外冷清。过去，人们的生活以祠堂为中心，祠堂是主要活动场所，修家谱、倡学、抚寡、迎神、社祭、恤寡、教化、婚嫁等各种活动都在这里进行，祠堂记录着整个家族的世俗生活。

祠堂的建筑风貌和装饰元素明显地区别于民居建筑，更加华丽、庄严。选址造型、布局朝向极为讲究，建筑形制、结构风格、雕塑刻画和取材用料均精工细作，做到"天人合一"。可以说，祠堂是族人的精神寄托，祠堂文化世代延续。

6）传统民居形式分析

传统民居屋顶大多是硬山顶，双坡木屋架，加盖小青瓦。屋顶正中用小青瓦做造型，脊尾一般用砖或瓦叠成高高翘起的样子。屋檐口形式有两种：一种比较常规，屋檐伸出墙外，用木板做封檐板，土砖墙通常采用这种形式；另一种是砖封檐，把砖墙砌到檐口，在檐口上铺上小青瓦，青砖墙体通常采用这种形式。

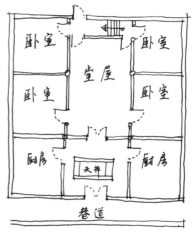

古民居平面设计手稿

传统古民居风貌

在传统古民居的平面构成方面，过去大户人家进大门后有一个天井，天井两侧为厨房或杂物间，西南方向定为厨房，东北角为杂物间。房屋正中最大的一间是堂屋，也是住宅中最主要的房间，主要功能有祭祀、会客、就餐等；堂屋层高比其他房间要高，开间一般为4~5米，进深7米。堂屋两侧为卧室，堂屋上端一般用木板隔出一个空间，当作杂物间或上阁楼的楼梯空间。

3.1.2 问题

金山村虽已进行旅游开发，却与大多乡村一样，留不住年轻人，邻里关系不和谐，村庄像一个"空壳"。不少老房子破败，空置成为危房。出现这样的村庄状态主要因为以下几点：

（1）没有打造特色民宿，不能提供住宿，很难留住旅客、带动消费。

（2）没有激活祠堂与古民居的体验内容，游客参与感不强。

（3）没有打造农产品品牌，没有农产品输出渠道，村民不能创收。

（4）没有引入外援。

解决这些问题需要遵循"共建、共管、共享"的乡村治理理念，不是注重对物质的建设，而是提升村民对文化的认同感，热爱村庄，利用村庄自身优势，借助外援，让村民自己建设和管理村庄，最终获得自我持续更新的能力与长久的生命力。

3.1.3 规划要点

1）景观设计理念

遵循"让乡村回归本真"的主题思想，以还原乡村原场地的本质特征为原则来开展设计。村子的规划如同画一幅山水画，先从整体构图着手，改变大环境，从村庄外围开始一步步深入村庄内部。开发荒地、草地，在村庄外围种植大面积荷花，在主干道上则栽种果树，古村周边于20世纪60年代后加盖的180余栋红砖房全部整改外立面；在村庄的重要位置布置十个景观节点，激活五处古民居和五处古祠堂。

重要的景观节点主要分布在村头、环村公路周边主要道路交叉点、村民经常聚集的场所，以及旅游线路的必经之处。

景观设计需考虑游客的参与度，在田间地头可以设置部分亲子游乐设施或场地，寓教于乐。

在景观植物的配置上，结合村民的生产生活需求，以当地农作物为景观素材，以野生植物为配景，保持乡村的本真形象。

2）祠堂设计理念

祠堂是人们谒拜祖先、族人聚会的宗族活动场所，具有浓郁的宗祠文化氛围。为了引导村民崇尚科学、弘扬新风，"湖南农道"以美丽乡村建设为契机，修缮和保护旧祠堂，将其打造成全新的"精神家园"。修缮后的祠堂，既在墙上张贴有"仁、义、礼、智、信"儒家五常，又融合家族文化，设立了文化主题馆、图书馆、讲堂等，让人们在享受古韵之美的同时，更感受到其厚重的文化底蕴，在耳濡目染中接受现代文明的熏陶。

3）民居改造设计理念

在古村风貌保护的基础上，改造不协调的建筑风格，恢复古宅风貌，使村庄的整体建筑环境和谐美观。

针对结构有较大损坏的危房，进行相关的修缮或改建，延续古建筑文脉，做到"修旧如旧"。

古民居建筑群

古民居遗存至今，体现了一种独特的建筑风格。它是一种不可复制的无形资产，是提高农业生产力的基础。因此，应当在古民居周边适当地增加休闲文化设施，满足游客和当地居民的休闲和文化需求。

3.2 区域和空间

3.2.1 规划原则和空间分配

根据 2009 年编制的《汝城县县城总体规划（2009 — 2030 年）》，汝城力求成为一个以发展边境商贸为主导、以旅游疗养为特色、以农林产品加工为强项的"生态山水城市"。

总体用地现状分析

城市规划近中期以老城区为基础，向南、向东拓展，同时推进东北土桥城区建设；远期则结合老城区改造，向东、向北延伸，形成"南延东进，西控北拓"的总体布局。

规划期内，主城区、土桥城区和三星工业区共同形成"南北相接，整体发展"的空间态势。

城市规划区为汝城县下辖的卢阳镇、土桥镇、泉水镇、大坪镇的官路村和下祝村，总面积 289.9 平方千米。中心城区为北至厦蓉高速公路、金山村北。

在调研和分析的基础上，项目遵循"把农村建设得更像农村""让鸟儿回来""让年轻人回来""让民俗文化回来""创建国家 4A 级风景区"的原则，进行规划和空间分配。

村庄现状用地分析

3.2.2 旅游交通

（1）交通设备完善，进出便捷。

（2）设置专用停车场，且规划合理，满足游客的停车需求，场地平整、坚实。

（3）区内旅行（观赏）道路或航道规划合理、顺畅，观赏面积大。

3.2.3 游览配套

（1）游客基地方位合理，规划适度，设施齐全，功能完善。

（2）各种引导标志（包含导游全景图、导览图、标识牌、景观介绍牌等）设计得比较醒目，与景区环境和谐一致。

（3）设置大众信息资料展示区，在祠堂内设置祖谱区和祠堂文化展示区。

（4）游客公共休息设施规划合理，数量足够，设计精巧，特色十足，艺术感强。

3.2.4 环境卫生

（1）环境整洁，无污水、污物，无乱建、乱堆、乱放现象，修建物和各种设施无脱落、无尘垢，空气新鲜，无异味。

（2）公共厕所分布合理，数量足够，标识美观且醒目，修建外形与景区环境和谐一致。厕所内配备水冲、盥洗、通风设备，定期维护或使用免水冲生态厕所。洁具干净，无尘垢，无堵塞。室内整齐有序。

（3）废物箱分布合理，标识显著，数量足够，外形美观，与环境相适应。废物分类搜集，打扫及时，日产日清。

3.2.5 旅游购物

（1）合理规划商业街区，修建物外形、色彩、原料彰显特色，与环境相适应。

（2）旅游商品种类丰富，具有地域特色。

3.2.6 资源和环境的保护

（1）出入口主体构造别具一格。周边修建物与景区风格一致，建有缓冲区或隔离带。

（2）绿化覆盖率较高，植物配置与景区环境相适应，采用多种环境美化手段，凸显荷塘的作用。

（3）区内各项设施均符合相关环保法规的要求，不造成环境污染，不浪费旅游资金，不破坏观景氛围。

3.3　建筑意向与细部处理

　　金山村的建筑元素和细节主要体现在古祠堂和古民居上。祠堂是家族文化的象征，相较于其他民居建筑更加庄严肃穆，能够彰显家族的地位和实力，通常在门楼上雕梁画栋。"南楚名家"在门楼建筑上运用的是南方建筑上所特有的木质结构"如意斗拱"。

　　祠堂门框上的雕刻，选材极为讲究，雕刻内容丰富多元，如神话传说、古典故事、三国演义、二十四孝等各种道德伦理故事，雕刻的内容题材主要取决于主人的喜好。

南楚名家建筑细节

　　叶氏家庙的门楼与卢氏家庙的门楼不尽相同，祠堂的建筑风格有一定的变化。一个地方、一个姓氏的祠堂建筑风格各不相同，因为不断有移民从各个地方迁移过来，把各自祖先所在地的建筑风格带过来，并结合当地的建筑风格，修建祠堂，形成多元化的艺术风格。因此，叶氏家庙与卢氏家庙尽显不同的地域特色。

具体有何不同之处？比如，叶氏家庙的门楼的尺度相比其他姓氏的祠堂门楼尺度显得矮小，没有那么张扬。门额上的装饰和木雕装饰元素相比其他祠堂门额上的装饰也不同，叶氏祠堂的门额上的装饰和木雕装饰，雕梁画栋，工整细致，古风古韵；尤其是门额采用巨木雕筑，三层镂雕双龙形象且生动，雕技之绝妙令人叹为观止，而这种门额三层镂雕在结构上基本不受力，只起到装饰作用。

叶氏家庙建筑细节

古民居的建筑特色和细节体现在墙体、屋脊、大门和木刻部分。过去大户人家屋顶用马头墙，大气、美观且具有防火功能。墙体用青砖砌筑，屋檐角用徽雕，雕刻有各种吉祥的图案，体现业主和匠人的别具用心。在墙的转角处一般有石勒角，勒角上多刻花纹、人物图案，主要起到装饰和加固的作用。

古民居的窗基本是直棂窗，窗檐常用青砖，做成叠涩状或半圆形，普通人家和大户人家的窗户均采用这种形式。大门上的窗户做直棂窗和花窗，花窗雕刻成各种精美的图案。棂格与棂格之间由花草、飞禽等镂空花饰相连，富有生机而轻盈灵动。

民居木雕　　　　　　　　　　　　　民居门窗样式

在金山村，一些建筑的屋脊呈"燕尾"状，燕尾脊是一种传统的建筑风格。微微叉开的尾部就像燕子归巢时的形态，所以戏称为"双燕归脊"。"双燕归脊"的屋顶设计，凌空疾返所形成的独特曲线，表达了远在他乡的亲人归心似箭的思乡之情。

民居屋脊样式

3.4 新式民居建筑式样

村庄中的新式民居大部分为二三层楼房，装修风格也多种多样，有瓷砖楼房、欧式建筑、中欧风格建筑。有些房屋直接采用红砖修建，不做任何室外装饰，这基于以下几点原因：生活习惯的改变、建筑审美的改变和建筑技术的进步。

红砖房 　　　　　　　　　　　　　　　瓷砖房

1）生活习惯的改变

城市化的步伐越来越快，民居群围绕一个祠堂的聚落形式将一去不复返。人们习惯了城市里的自来水、空调系统、照明系统，自来水的引入，人们建房可以违背之前"背山面水"的居住理念；空调的介入可以改变建筑层高；有了照明系统，可以改变建筑进深，不用再担心室内过于阴暗。生活习惯改变了建筑，再住回以前的老房子，反而使人不习惯。

2）建筑审美的改变

古民居之所以美，主要基于建筑材料与技术，在生产力低下时，人们首先考虑的是怎么使用随手可得的材料和已成熟的技术来建造坚固耐用的房屋。美，很多时候不过是在坚固耐用基础上"顺附物"。过去人们最远也就是去趟县城，很多老人甚至在自己村里度过一生，那些出去闯荡的人看到外面的建筑形态各异，他们的审美判断是这样的：这房子好看，我要照着这样做，并不会考虑建筑与环境的关系以及建筑审美趣味。罗马柱和马头墙混搭、小洋楼与小桥流水共存。当然，现在交通发达了，人口的流动也增大了，带来的是外部的各种信息，见识广了审美自然会改变。

3）建筑技术的进步

古民居庭院

以前村里是山地地形，房子基本依山而建，要改变地形，需要把地形铲平再建房子。选址时应考虑地形，没有水的地方不适合建房屋。因此，山区的村落大多依山傍水，顺势而建。因为当时人们改造自然的能力有限，不得不尊重自然；"谦卑"而行，

古民居细部

所以对自然的破坏较小。现在，有推土机、挖掘机等机器，机器工作一小时相当于人们一个月的工作量；没有水可以接自来水。木质结构浪费木材，木材价格昂贵，则买水泥建房子。曲径通幽不行，小汽车进不来。框架结构可以接受，房屋想盖几层盖几层，外墙想贴什么就贴什么，屋内立柱想做罗马柱就做罗马柱。然而，技术越发达，越容易破坏自然。

3.4.1 红砖房改造

村庄古民居墙体材料主要有青砖和夯土。红砖房外立面改造时，主调选用山地黄，接近古民居夯土色彩，使整体环境和谐、统一。黄色房屋在远处大山的美景衬托下令人心旷神怡。

在荷塘的映衬下，鲜明的山地黄尤其明艳醒目。新的红砖房以山地黄为基底，采用较为简单的改造方法，在不改变房屋结构的前提下，粉刷外立面。改造后的建筑以黄涂料、红砖为主要建筑材料，院墙顶、门窗和屋顶外沿采用深灰色涂料，外立面的分层处也采用深灰色线条，使原来的旧砖房变得古朴大方。装修虽然不显奢华，但却高雅大气，比起高端公寓也毫不逊色。

1）红砖房改造示点1

改造前实景

效果图

2）红砖房改造示点 2

改造前实景

效果图

改造后实景

3）红砖房改造示点 3

改造前实景

效果图

改造后实景

　　盛夏七月，在荷花的映衬下，昔日的红砖房闪烁着明艳的黄色，令人眼前一亮，成为游客照片里一道亮丽的风景线。

3.4.2 民居新房改造

在村庄环线周围（即荷塘周围）新建的民房较多，这些楼房大多简陋、灰暗，整体形象不佳，呈现破败之景。如何改造这些新楼房，使之与古村旅游开发相协调，打造具有浓郁特色的美丽乡村，是"湖南农道"重点关注的问题。

民居改造风貌

金山村的旅游开发应注重保留原有的田园风光和乡村风貌，做好顶层设计和整体设计，开发与保护相结合、整体与局部相协调。

1）2号古民居

改造前实景

改造后实景

室内改造实景

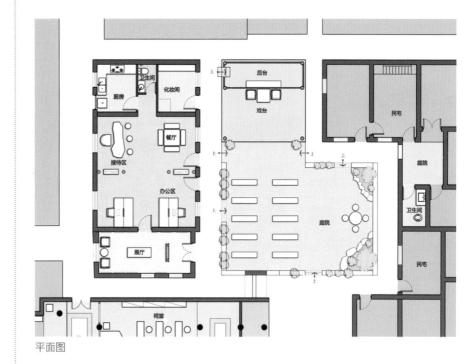

平面图

效果图

2）3号古民居

改造前实景

改造后实景

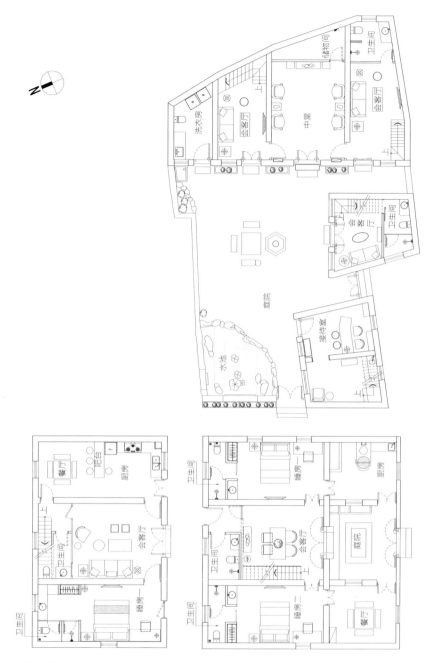

一层平面布置图

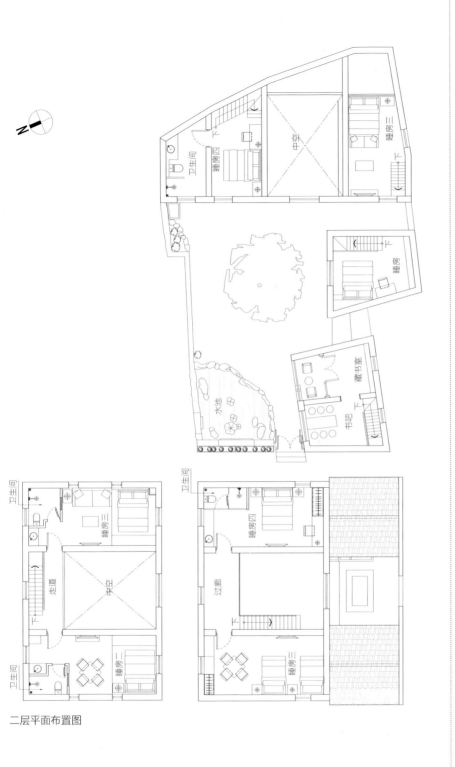

二层平面布置图

效果图

庭院设计手稿

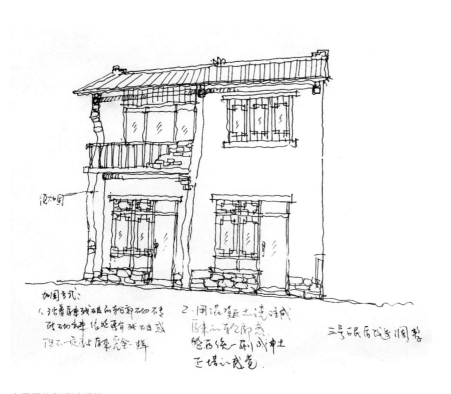

古民居修复设计手稿

3）4号古民居

改造前实景

改造后实景

一层平面图

二层平面图

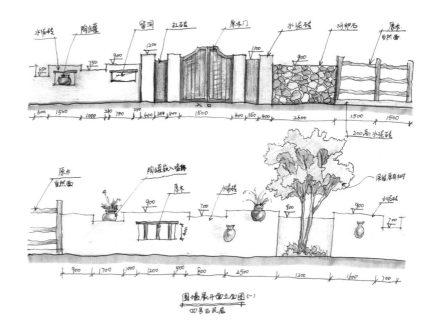

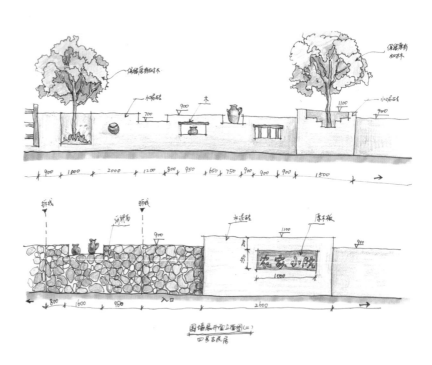

设计手稿

效果图

3.5 乡村公共建筑

3.5.1 祠堂

村庄里，大大小小的祠堂有七座，其中叶氏家庙（敦本堂）和卢氏家庙（叙伦堂）于 2013 年列入国家重点文物保护单位，其他几座是省级文物保护单位，保存完好。这些祠堂在使用功能上有一个共性，即只在举行宗族活动时大门才会打开，热闹过后归于寂静，长时间闲置，未能充分发挥应有的作用。祠堂有助于维系海外乡亲与家乡的血缘关系，也是乡亲及子孙后代了解祠堂文化和当地文化发展的一个重要载体。

"激活祠堂"是项目建设的一大重点，由于祠堂是文物保护单位，文物部门对其有严格的管理，不允许改造或破坏祠堂及周边 30 米范围内的建筑环境，因此，项目建设侧重功能植入，不做硬件改动。同时，组织村民对损坏部分进行原样修复。

在规划过程中，重点对四座祠堂进行功能植入，分别是：卢氏家庙叙伦堂、李氏家庙陇西堂、叶氏家庙敦本堂和大夫第祠堂。

1）卢氏家庙叙伦堂

卢氏家庙力求成为一座传统婚礼文化主题祠堂，未来游客可以在这里了解传统婚礼文化，观看婚庆戏曲等。

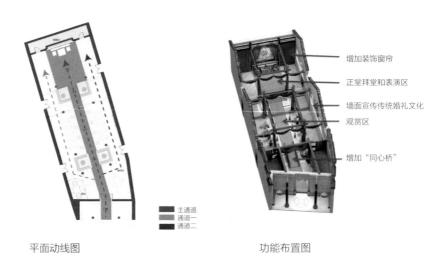

主通道
通道一
通道二

增加装饰窗帘

正堂拜堂和表演区

墙面宣传传统婚礼文化

观赏区

增加"同心桥"

平面动线图　　　　　　　　　　功能布置图

2）李氏家庙陇西堂

（1）晒家谱。

定期举行晒家谱活动，一是教育后人勿忘先祖，二是让后人更深地了解自己的姓氏文化。

（2）电子影像展示。

影像短片播放村史和姓氏历史发展过程，让后人了解村庄的由来。

（3）实物展示。

通过柜台展示老版本的家谱或印刷的家谱，让人们了解家谱文化。

（4）家谱查询。

游客可通过服务台查收家谱资料，购买纸质版的家谱书籍。

（5）增设电子查询机。

游客可通过自助查询机自行操作，增强互动性。

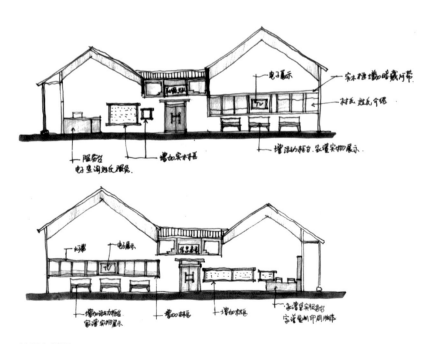

墙面布置图

鸟瞰效果图

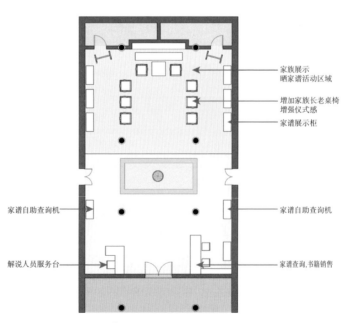

家族展示
晒家谱活动区域

增加家族长老桌椅
增强仪式感

家谱展示柜

家谱自助查询机

家谱自助查询机

解说人员服务台

家谱查询,书籍销售

平面功能布置图

3）叶氏家庙敦本堂

（1）设立"金山书院"，为当地村民提供诗、书、礼、乐、生活美学等方面的国学经典课程，同时不定期组织教育培训，通过传播优秀传统文化，推动乡村文化建设。

（2）设置讲堂，课程包括书法、绘画、农耕体验、国学诵经及祠堂文化解析。

（3）设置图书馆，提供图书收藏和阅读之所，号召社会捐赠图书。

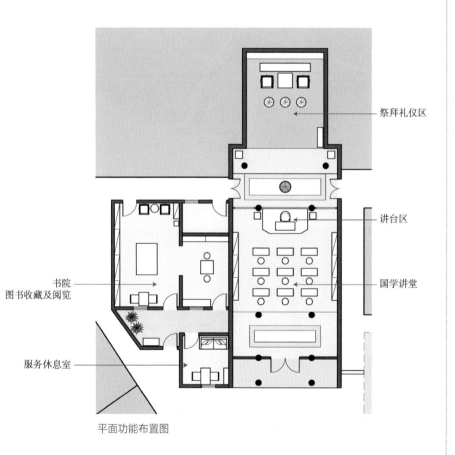

平面功能布置图

鸟瞰效果图

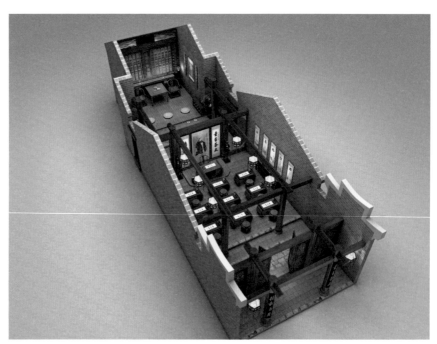

国学讲堂鸟瞰效果图

4）大夫第祠堂

大夫第祠堂的定位是"农耕文化陈列馆"，主要陈列各种传统农具和日常生活用具，展品包括铁器、木器、竹器等各种材质的器物，旨在将人们带回铁犁牛耕时代，一览过去金山人民劳作生活的动人情景。

家族成员积极配合并参与祠堂的修缮建设。祠堂修缮全部原样修复，保留原有结构主体，只对屋面和腐朽的木质部分进行原样更换。屋面琉璃瓦采用传统小青瓦，重新布置老化的电路；根据村民的强烈要求和文物部门的审核程序，更换祠堂门楼上端的鸿门梁，用巨木雕筑，图案和结构均对称分布，三层镂雕双龙，生动形象。

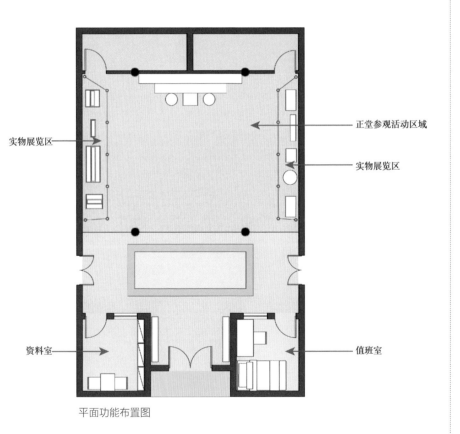

实物展览区

正堂参观活动区域

实物展览区

资料室

值班室

平面功能布置图

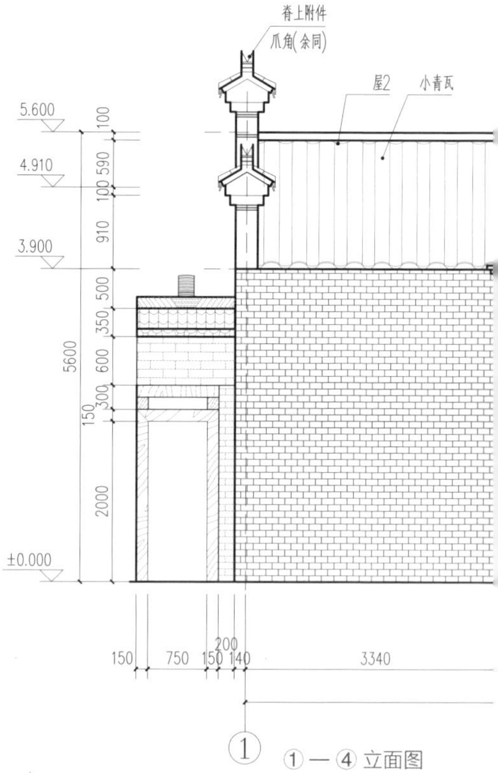

脊上附件
爪角(余同)

屋2
小青瓦

5.600

100

4.910

100 590

3.900

910

500

5600

350 600

150

2000

±0.000

150 750 150 140 200 3340

① ① — ④ 立面图

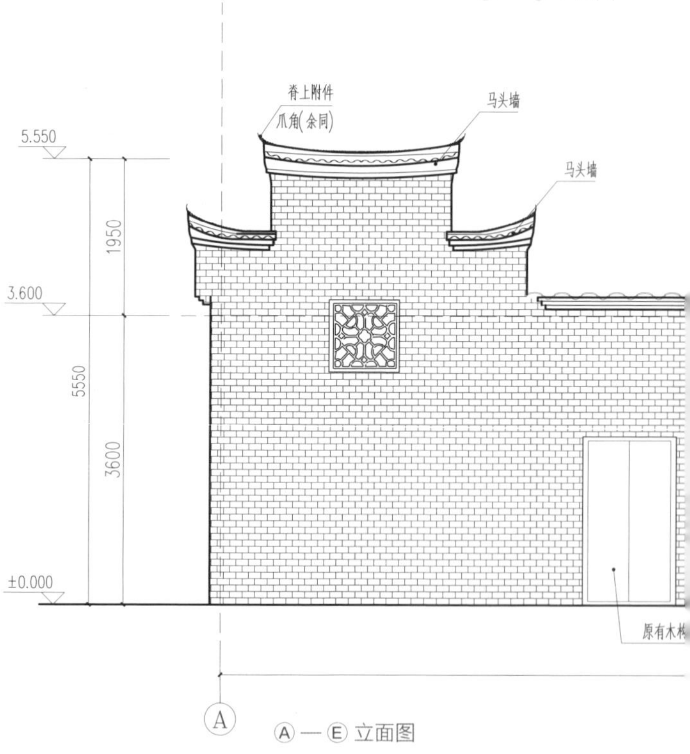

脊上附件
爪角(余同)

马头墙

马头墙

5.550

1950

3.600

5550

3600

±0.000

原有木椽

Ⓐ Ⓐ — Ⓔ 立面图

注：本书中图纸尺寸除注明外，均以毫米（mm）为单位。

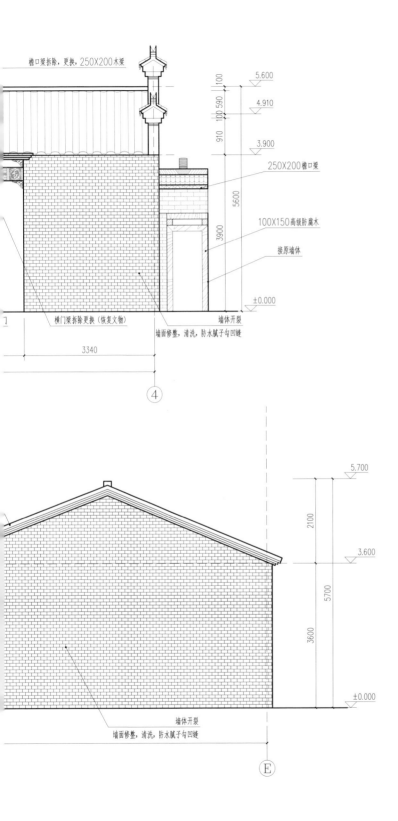

檐口梁拆除，更换，250X200木梁

5.600
4.910
3.900

100
590
910

250X200檐口梁

100X150高级防腐木

按原墙体

5600
3900

±0.000

横门梁拆除更换（恢复文物）

墙体开裂

墙面修整，清洗，防水腻子勾凹缝

3340

④

5.700

2100

3.600

5700

3600

±0.000

墙体开裂

墙面修整，清洗，防水腻子勾凹缝

Ｅ

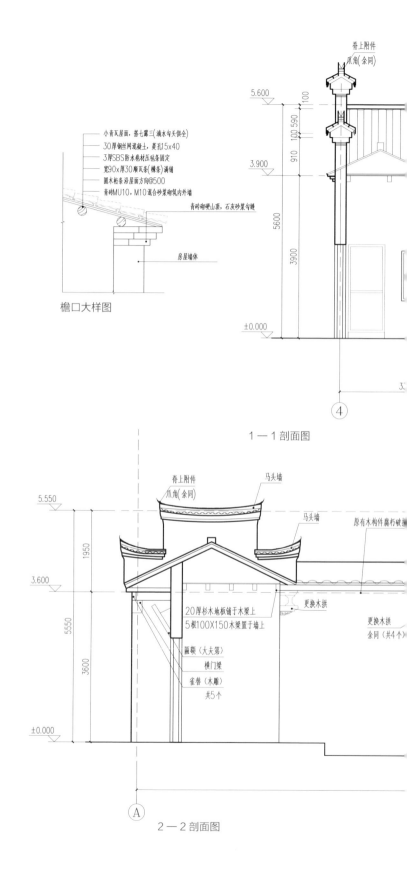

小青瓦屋面，搭七露三（滴水勾头俱全）
30厚钢丝网混凝土，菱孔15x40
3厚SBS防水卷材压毡条固定
宽90x厚30顺瓦条（橼条）满铺
圆木桷条沿屋面方向@500
青砖MU10，M10混合砂浆砌筑内外墙

青砖砌硬山顶，石灰砂浆勾缝

房屋墙体

檐口大样图

脊上附件
爪角（余同）

1—1剖面图

脊上附件
爪角（余同）
马头墙

马头墙

原有木构件腐朽破损

更换木拱

20厚杉木地板铺于木梁上
5根100X150木梁置于墙上

更换木拱
（余同（共4个）

画额（大夫第）
横门梁
雀替（木雕）
共5个

2—2剖面图

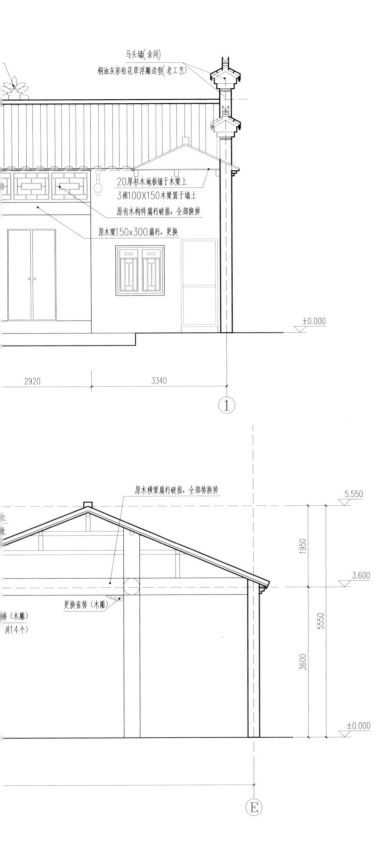

马头墙(余同)

桐油灰彩绘花草浮雕造型(老工艺)

20厚杉木地板铺于木梁上

3根100X150木梁置于墙上

原有木构件腐损破损,全部换掉

原木梁150x300腐朽,更换

±0.000

2920

3340

①

原木横梁腐朽破损,全部替换掉

5.550

1950

3.600

5550

更换雀替(木雕)

3600

替(木雕)

共14个)

±0.000

Ⓔ

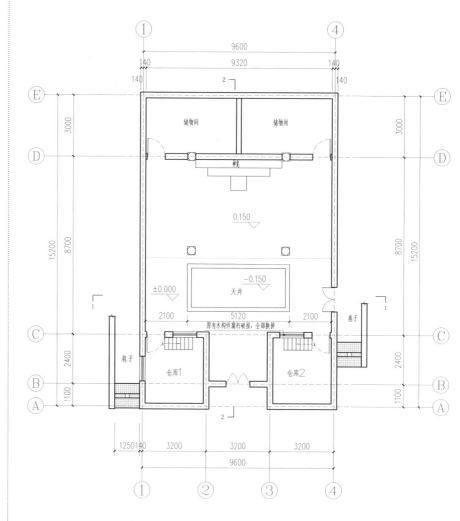

大夫第原建筑平面图

3.5.2 荷塘景观

荷塘景观实景

　　为了让人们更好地深入荷花塘中欣赏荷花，以不破坏农田为原则，设计师沿田埂修建了 3 千米的荷花观赏栈道，确保自然弯曲的栈道与荷花塘更好地融合在一起。栈道的修建也方便村民采摘莲蓬，同时成为便捷的交通要道。此外，在一些荒废的农田上，还修建了休息草亭和观赏平台，游客可在此停留、休息和拍照。

荷塘草亭

水车实景

荷塘栈道实景

草亭实景

草亭设计手稿

草亭设计手稿

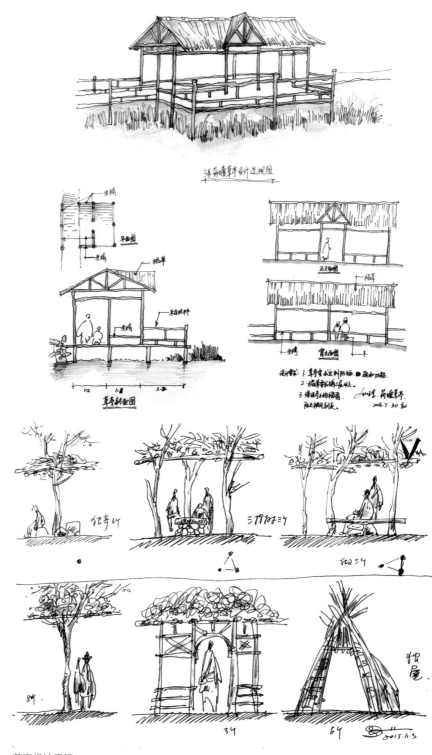

草亭设计手稿

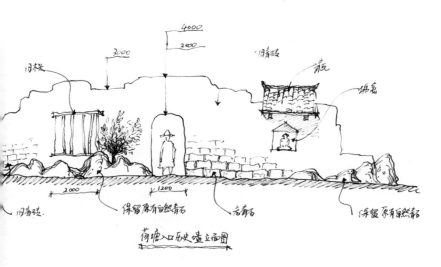

荷塘入口墙面设计手稿

荷塘入口设计手稿

3.5.3　莲花草堂

莲花草堂夜景灯光效果图

　　金山村的莲花草堂以"莲"为媒，以结交五湖四海的朋友为主要目的，灵感源自金山村的荷塘。圆形的枯草屋顶如田田的荷叶，结实的结构支撑形状也似弧形莲蓬，莲花草堂犹如荷塘中的一片莲叶，与莲蓬相映成趣，形成了独特的荷塘景观。

　　莲花草堂里配有的厨房和卫生间，可作为游客的休憩之地，也可举行活动聚会和传统节日庆典等；平日可提供小餐厅、小卖部等娱乐休闲配套服务。

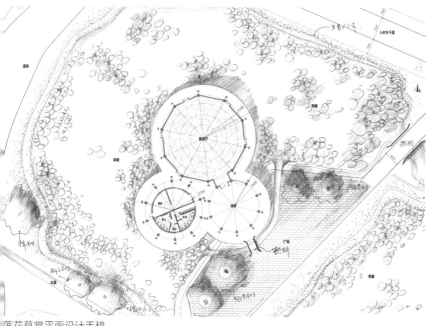

莲花草堂平面设计手稿

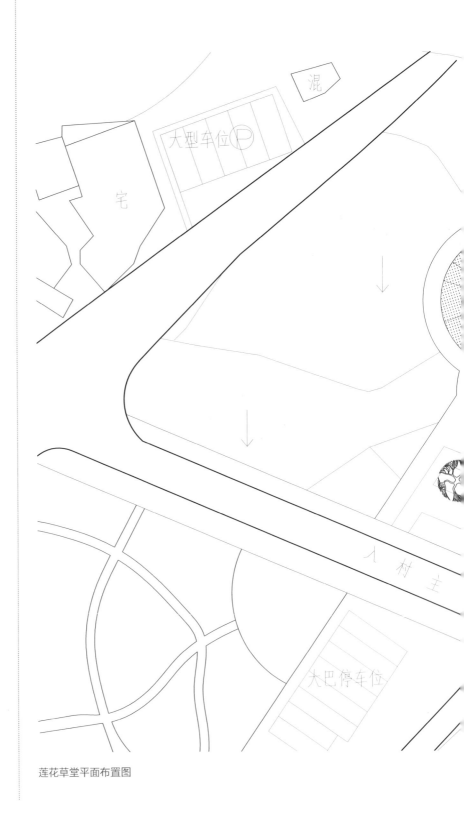

莲花草堂平面布置图

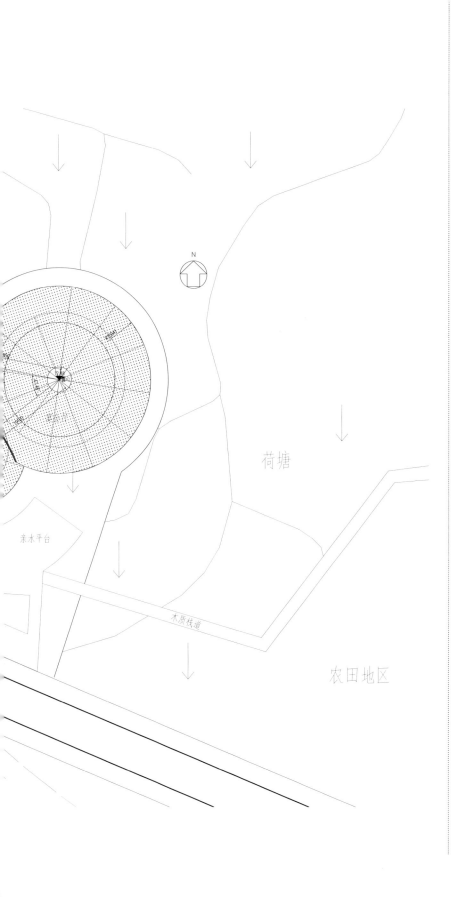

荷塘

亲水平台

木质栈道

农田地区

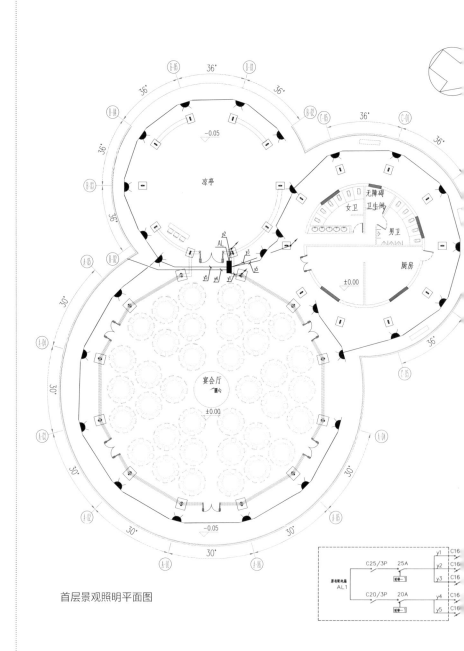

首层景观照明平面图

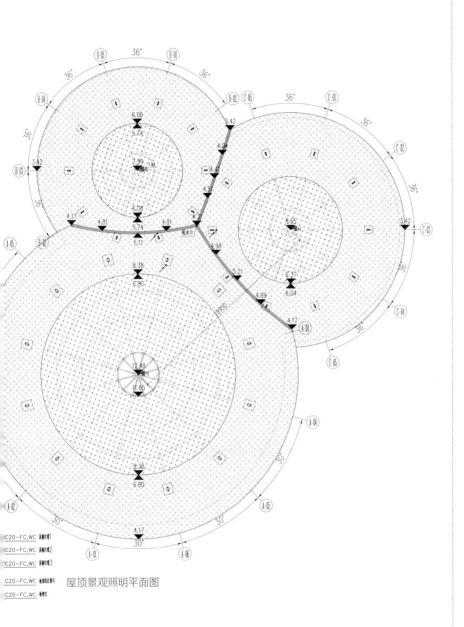

屋顶景观照明平面图

C2O-FC,WC 屋面航灯1
C2O-FC,WC 屋面航灯2
C2O-FC,WC 屋面航灯3
C2O-FC,WC 电光航灯4
C2O-FC,WC 电光灯

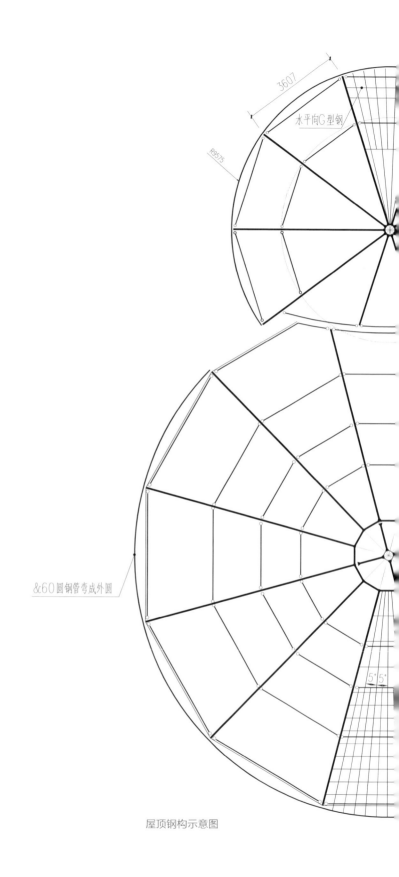

屋顶钢构示意图

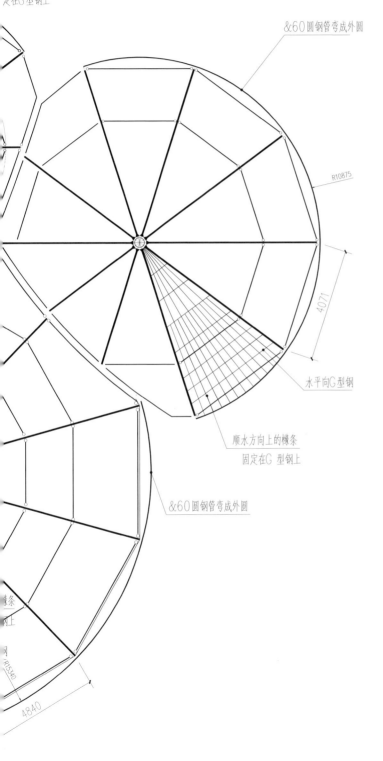

水方向上的椽条
定在G型钢上

&60圆钢管弯成外圆

R10875

4071

水平向G型钢

顺水方向上的椽条
固定在G型钢上

&60圆钢管弯成外圆

R15340

4840

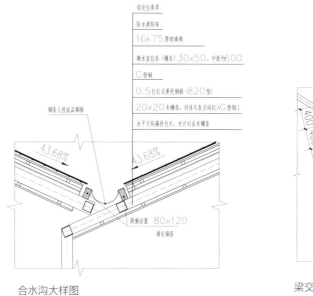

铝皮仿真草
防水遮阳布
16k75厚玻璃棉
顺水直拉条（檩条）30×50，中距约600
C型钢
0.5打钉式黄色钢板（820型）
20×20木檩条，沿挂瓦条方向钉入C型钢上
水平方向满挂竹片，竹片钉在木檩条

钢条上挂成品铜板

两侧设置 80×120
通长钢条

43.68%   43.68%

合水沟大样图

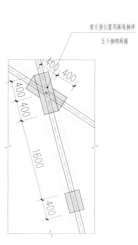

梁交接位置用麻绳捆绑
至少捆绑两圈

400 400
400 400
1600
400

梁交接位置麻绳捆绑示意图

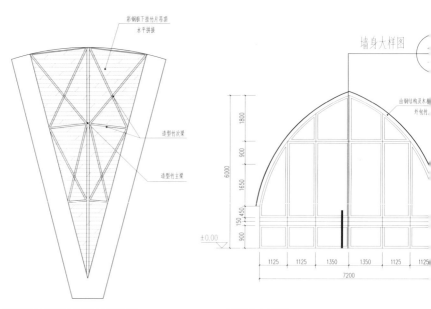

彩钢板下挂竹片吊顶
水平拼接

造型竹次梁

造型竹主梁

顶板竹片吊顶水平拼接示意图

墙身大样图

由钢结构及木檩
外包竹

1800
900
6000
1650
150 450
900
±0.00

1125 1125 1350 1350 1125 1125
7200

弧形窗立面图

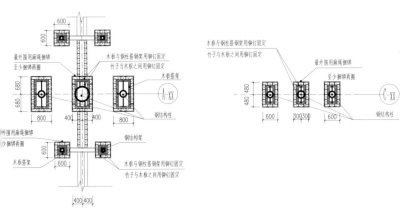

竹包钢节点大样图

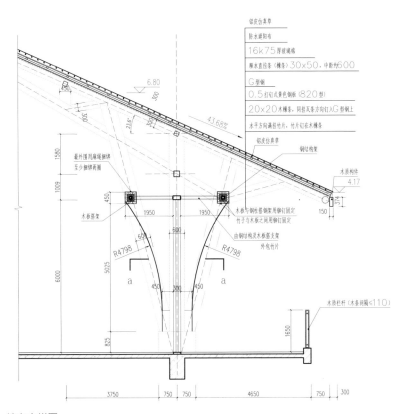

墙身大样图

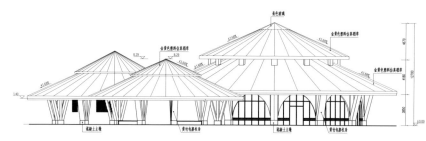

莲花草堂南立面图

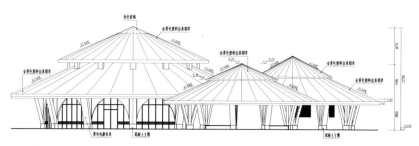

莲花草堂北立面图

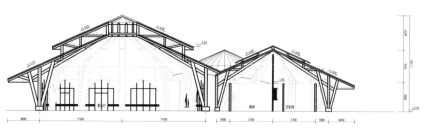

莲花草堂 1-1 剖面图

莲花草堂建筑方案

莲花草堂实景

3.5.4 村口改造

村口原有一个牌坊和一个招呼站，两座建筑毫无地域特色，周边是一排排树苗，没有层次感。招呼站顶面为琉璃瓦，结构简单，没有发挥应有的作用，反而成为广告宣传栏，墙面上贴满了各类广告，地面垃圾成片。整个村口看上去与古村环境不协调。

改造后的村口增加一个小广场，并且设有一块介绍村庄的村碑，让游客在进村前了解村庄的大致情况，且在周围栽种几棵古树。

改造后的招呼站与古村整体建筑风貌一致。打通隔墙，增加休息平台，游客可以在此欣赏村庄的美景，使村口更富历史韵味，强化了村口的形象。

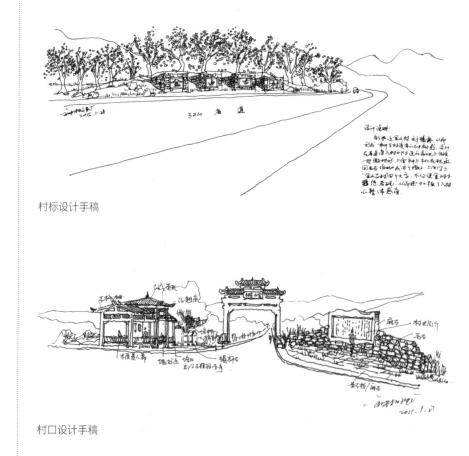

村标设计手稿

村口设计手稿

3.5.5 戏台

戏台属居民住房用地，原先的居民房已倒塌多年，无人管理，此处紧邻国家级文物保护单位叶氏家庙敦本堂，影响整体建筑环境效果。在功能布局方面，戏台是急需构建的公共活动场地，改建后的戏台可举办理学讲座，平时开展一些民间戏曲表演，可以丰富村民的娱乐生活。

戏台实景

3.5.6 长廊

长廊的设计别具匠心，设计师充分发挥"匠人精神"，把每一块砖瓦变废为宝，打造一个艺术文化长廊。

长廊实景

在这面旧砖墙上，莲花、莲蓬、莲叶、水、鱼等荷塘元素遍布其间，使长廊整体环境与金山村相融合。

3.5.7 古树广场

设置艺术长廊、艺术残墙和凉亭，让老人们可以在这里给孩子们讲讲历史文化典故、古代诗词。艺术残墙以回收的青砖、青石、青瓦为主材料，很好地延续古村的历史文脉。在建设过程中，村民积极参与，工人们发挥"匠人精神"，创造性地搭配各种材料，达到了"鬼斧神工"般的艺术效果。凉亭的木质结构、木雕和小青瓦均严格采用传统工艺要求加以制作。

古树广场凉亭实景

在原本只有一棵古树孤零零的空地上，修建了古色古香的亭子后，便多了一份热闹和黄昏下孩子的陪伴。

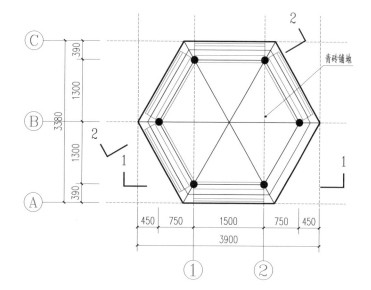

青砖铺地

六角亭平面图

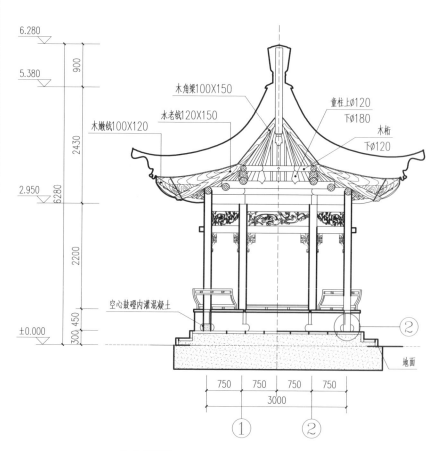

木角梁100X150

水老钺120X150

童柱上Ø120
下Ø180

木嫩钺100X120

木桁
下Ø120

空心鼓磴内灌混凝土

地面

1-1剖面图

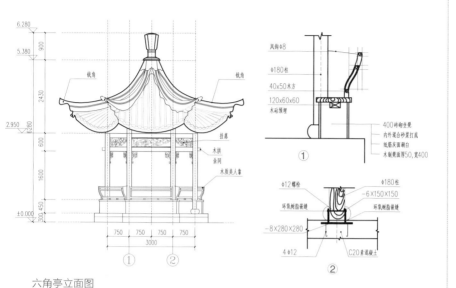

六角亭立面图

顶部标注：
6.280
5.380
2.950
6.280
±0.000

戗角　戗角

挂落
木拱
余网
木质美人靠

750　750　750　750
3000
① ②

风钩φ8
φ180柱
40x50木方
120x60x60
木砧预埋

400砖砌坐凳
内外混合砂浆打底
纸筋灰面刷白
木制凳面厚50,宽400

①

φ12螺栓
φ180柱
-6×150×150
环氧树脂嵌缝
环氧树脂嵌缝
-8×280×280
4 φ12
C20素混凝土

②

2-2 剖面图

宝顶
灯芯木φ150
L=2050

小青瓦屋面，滴水勾头俱全
30厚钢丝网混凝土，菱孔15×40
3厚SBS防水卷材压毡条固定
20屋面板
50X70椽条@210接40x50飞椽，
20厚封檐板

搭角梁
φ160

檐桁
φ160
木椽200X100
木柱φ180
木拱
余网

①

街沿石120X180X1000
侧墙石80X250X500
地面

戗角剖面图

屋脊
嫩戗木180X160
菱角木
老戗木220X180
圆木挑条φ150@500
戗山木200X200

爪角
戗木180X150
千斤销
檐口椽150X150

3.6 民居施工图

民居施工图是项目方案落地的依据。在乡村建设项目的过程中，不确定因素太多，只能根据图纸并结合现场实际情况来开展施工，所以施工人员应具有较强的施工能力。这些施工人员均来自乡村，专注于传统手工艺的传承和发展，善于因地制宜。

3.6.1 金山村改造工程之 13 栋外立面

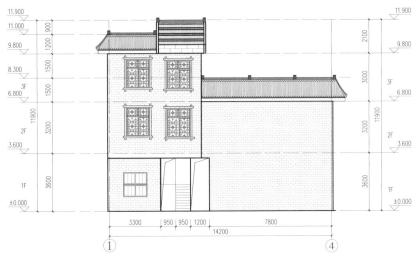

正立面图

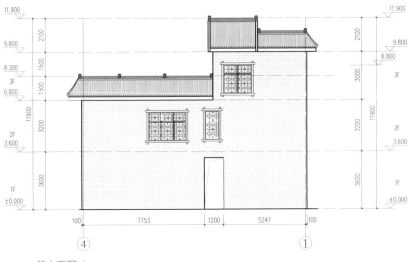

背立面图 1

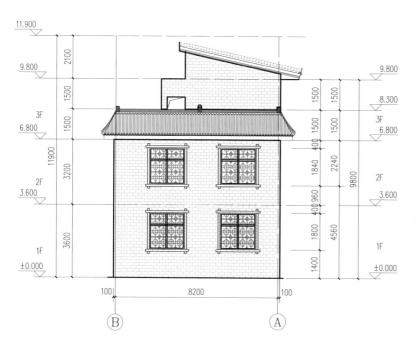

背立面图 2

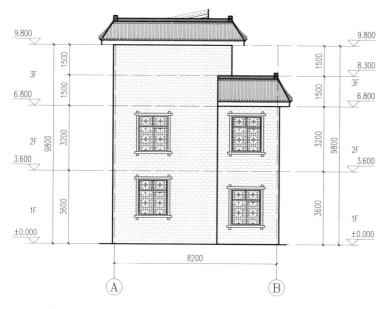

背立面图 3

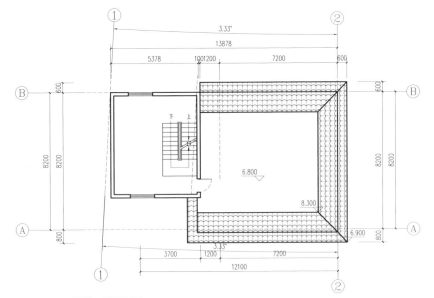

8 号楼三层平面图

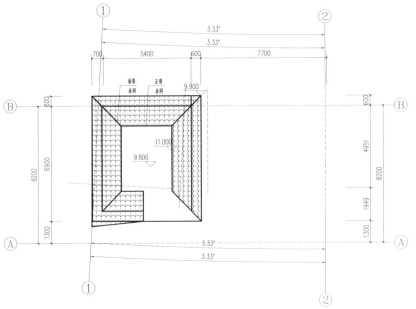

8 号楼屋顶平面布置图

3.6.2　2号工作室

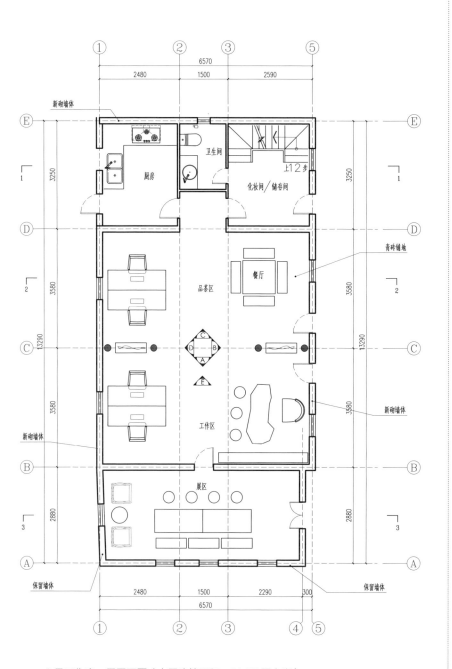

2号工作室一层平面图（本层建筑面积：91.95平方米）

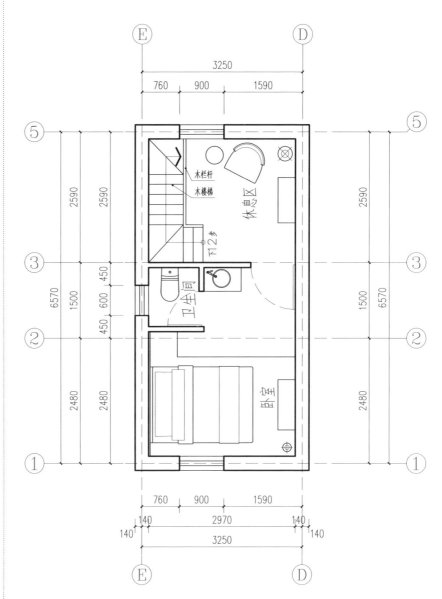

2号工作室夹层平面图（本层建筑面积：24.18平方米）

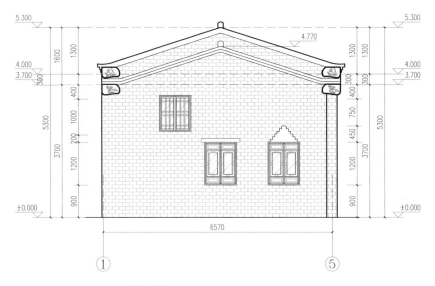

2 号工作室①—⑤轴立面图

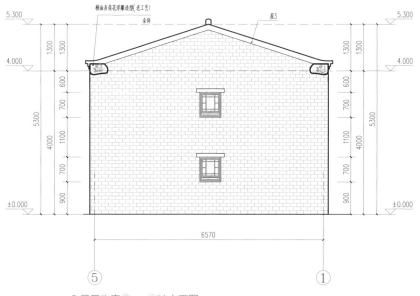

2 号工作室⑤—①轴立面图

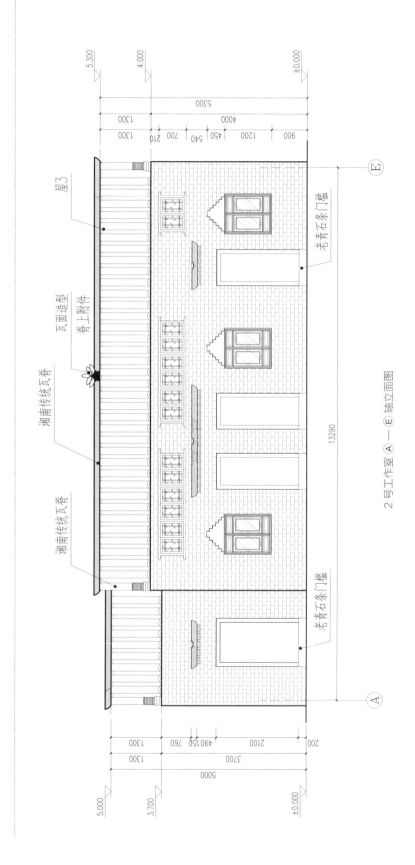

2 号工作室 Ⓐ — Ⓔ 轴立面图

屋3

瓦面造型

脊上附件

湘南传统瓦脊

湘南传统瓦脊

老青石条门槛

老青石条门槛

2号工作室 Ⓔ—Ⓐ 轴立面图

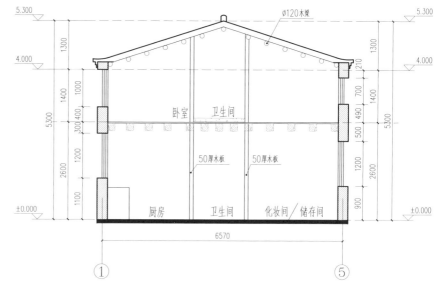

2号工作室 1—1 剖面图

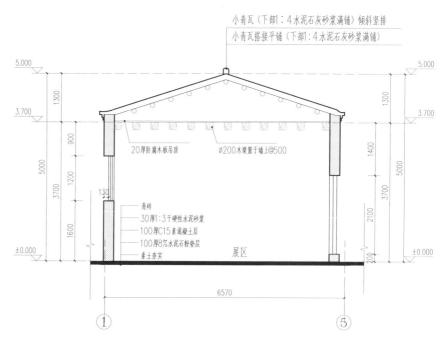

2号工作室 3—3 剖面图

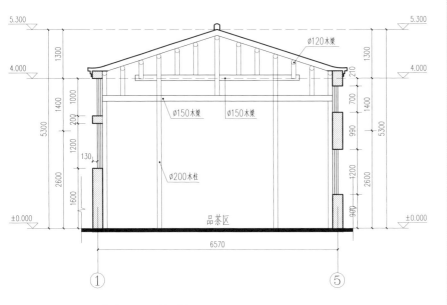

5.300

4.000

5.300

1300

1400 1000

200

1200

130

2600

1600

±0.000

ø120木梁

ø150木梁   ø150木梁

ø200木柱

品茶区

6570

① ⑤

2号工作室2—2剖面图

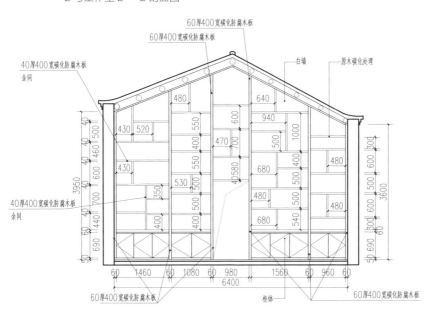

60厚400宽碳化防腐木板

60厚400宽碳化防腐木板

40厚400宽碳化防腐木板
余同

白墙   原木碳化处理

480   640

430 520   550   600   940

470   500 1000

430   530   680   480

350   480   680   480

400

60 1460   1080   60 980   1560   60 960 60

6400

40厚400宽碳化防腐木板
余同

60厚400宽碳化防腐木板   柜体   60厚400宽碳化防腐木板

Ⓐ 工作区立面图

古式木窗

Ⓑ 工作区立面图

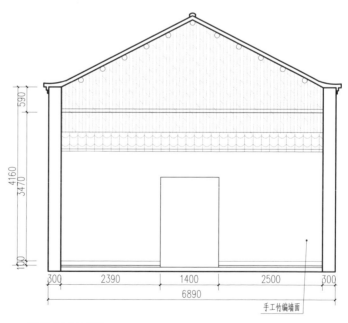

手工竹编墙面

Ⓒ 工作区立面图

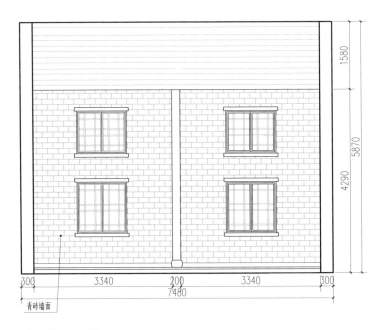

青砖墙面

Ⓓ 工作区立面图

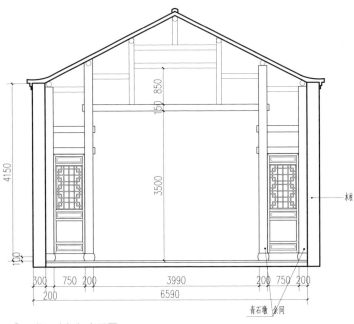

木柱

青石墩 余同

Ⓔ 工作区木框架立面图

3.6.3　3号工作室

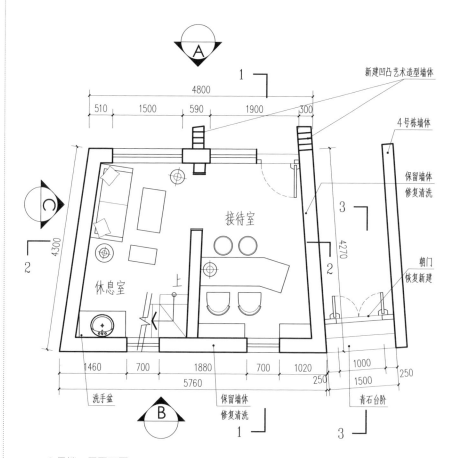

3号楼一层平面图

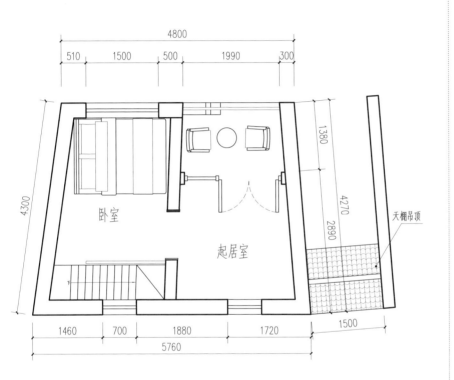

4800

510   1500   500   1990   300

4300

1380

4270

2890

卧室

起居室

天棚吊顶

1460   700   1880   1720   1500

5760

3 号楼二层平面图

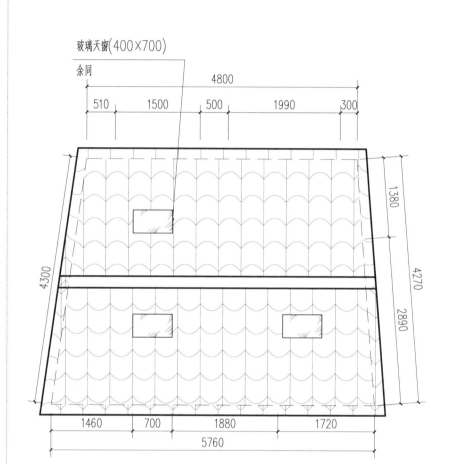

玻璃天窗(400×700)

余同

3号楼顶层平面图

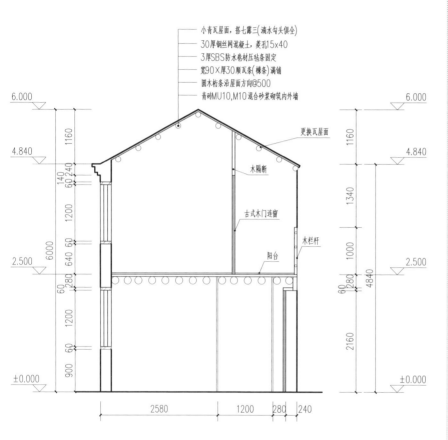

小青瓦屋面，搭七露三(滴水勾头俱全)
30厚钢丝网混凝土，菱孔15x40
3厚SBS防水卷材压毡条固定
宽90×厚30顺瓦条(楼条)满铺
圆木桁条沿屋面方向@500
青砖MU10,M10混合砂浆砌筑内外墙

更换瓦屋面

木隔断

古式木门连窗

木栏杆

阳台

6.000
4.840
2.500
±0.000

1160
140 240
60
1200
6000
640 60
640
280
60
1200
60
900
2580   1200   280 240

6.000
4.840
2.500
±0.000

1160
1340
1000
4840
280
60
2160

3 号楼 1-1 剖面图

3号楼A立面图

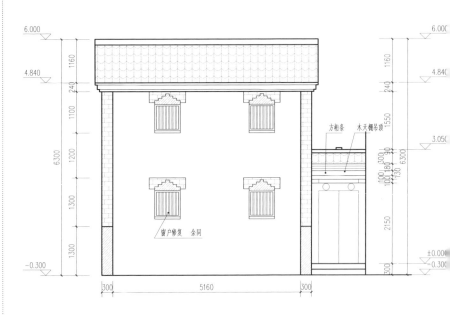

3号楼B立面图

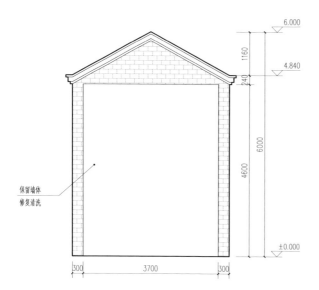

6.000

1160

4.840

240

6000

4600

保留墙体
修复清洗

300   3700   300

±0.000

3 号楼 C 立面图

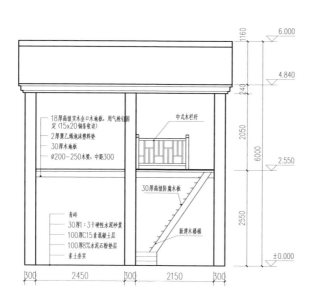

6.000

1160

4.840

240

2050

6000

2.550

2550

±0.000

18厚高级实木企口木地板，用气钉钉固
定（15x20钢条收边）
2厚聚乙烯泡沫塑料垫
30厚木地板
∅200~250木梁，中距300

中式木栏杆

30厚高级防腐木板

青砖
30厚1:3干硬性水泥砂浆
100厚C15素混凝土层
100厚8%水泥石粉垫层
素土夯实

新建木楼梯

300   2450   300   2150   300

3 号楼 2-2 剖面图

115

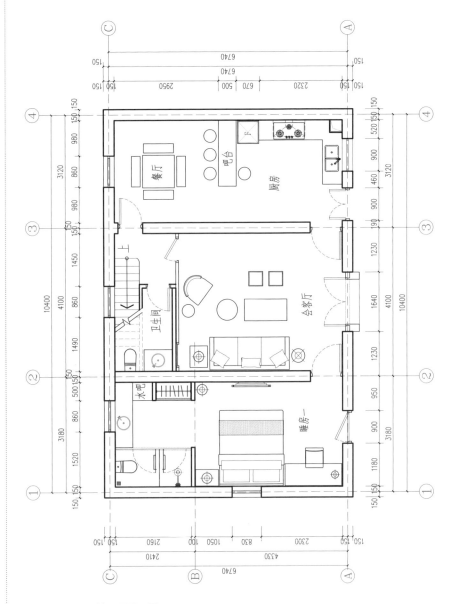

1号楼一层平面图

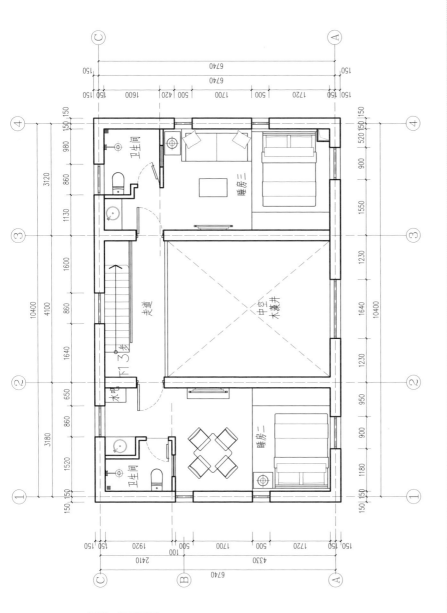

1号楼二层平面图

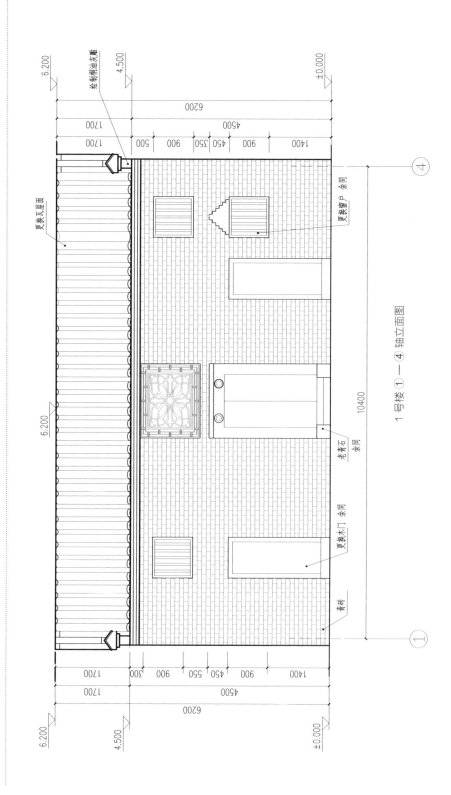

1 号楼 ① — ④ 轴立面图

更换瓦屋面

绘制精油衣罩

更换窗户 余同

老青石 余同

更换木门 余同

青砖

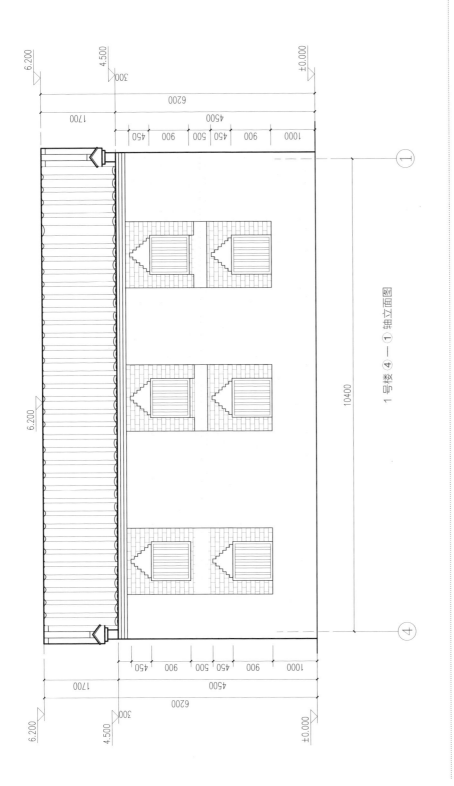

1 号楼 ④ — ① 轴立面图

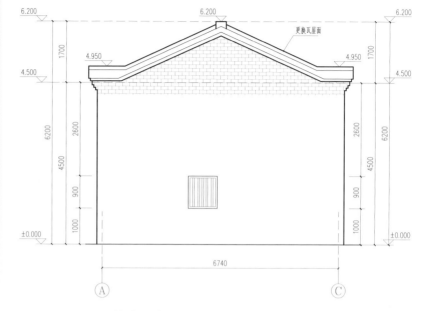

1号楼 Ⓐ—Ⓒ 轴立面图

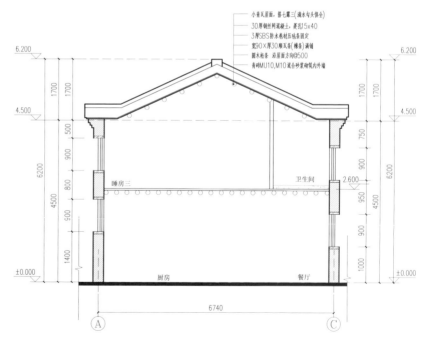

1号楼剖面图 1

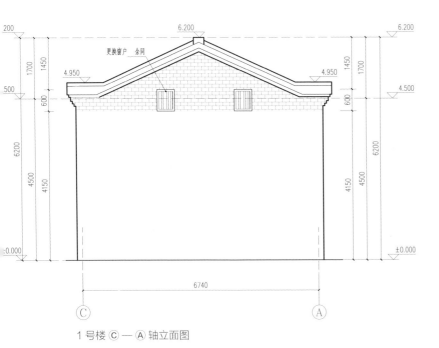

更换窗户 余同
6.200
6.200
4.950
4.950
4.500
200
1700
1450
500
600
6200
4500
4150
±0.000
6740

1700
1450
600
6200
4500
4150
±0.000

C
A

1 号楼 C — A 轴立面图

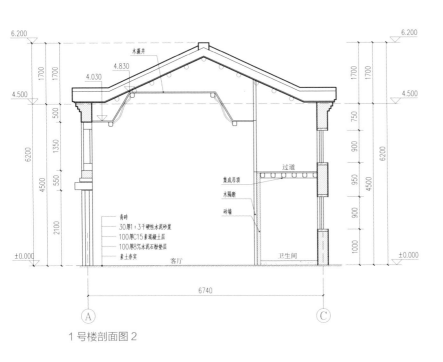

6.200
6.200
水灌井
4.030
4.830
4.500
4.500
1700
1700
1700
500
750
6200
1350
900
过道
550
集成吊顶
950
4500
木隔断
砖墙
2100
青砖
30厚1:3干硬性水泥砂浆
100厚C15素混凝土层
100厚8%水泥石粒垫层
素土夯实
客厅
卫生间
±0.000
±0.000
900
1000
6740

A
C

1 号楼剖面图 2

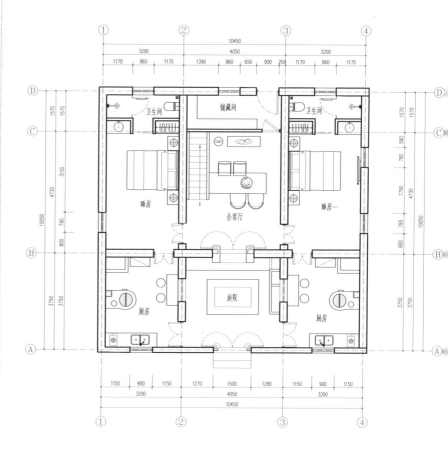

2 号楼一层平面图

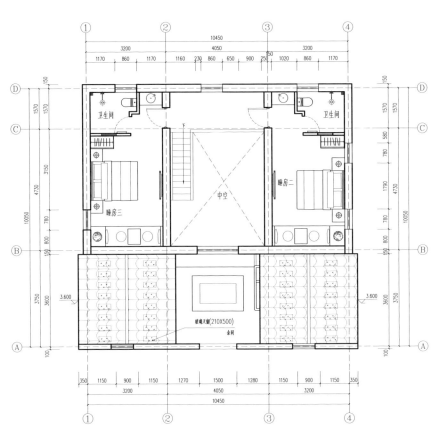

2 号楼二层平面图

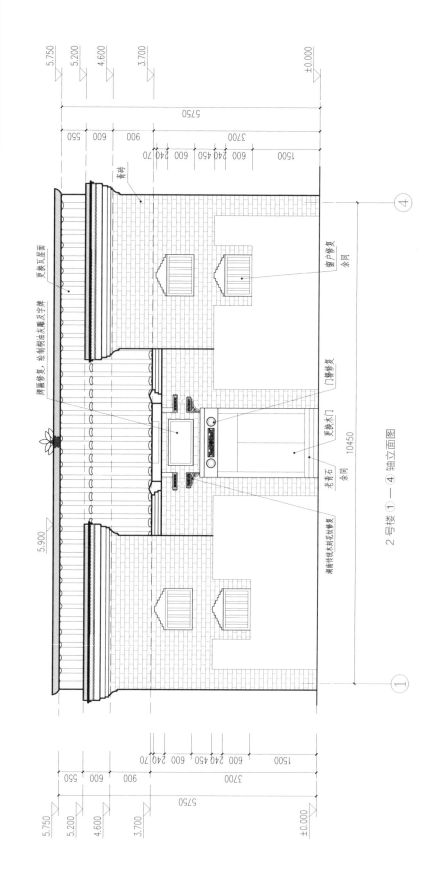

2号楼 ① — ④ 轴立面图

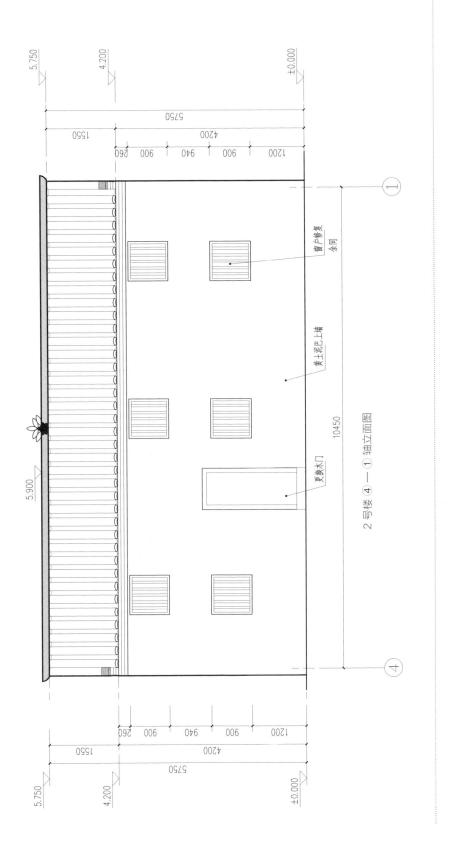

2 号楼 ④ — ① 轴立面图

窗户修复
余同

黄土泥巴上墙

更换木门

5.750
4.200
±0.000

5.750
4.200
±0.000

5.900

5750
1550
4200
260 900 940 900 1200

10450

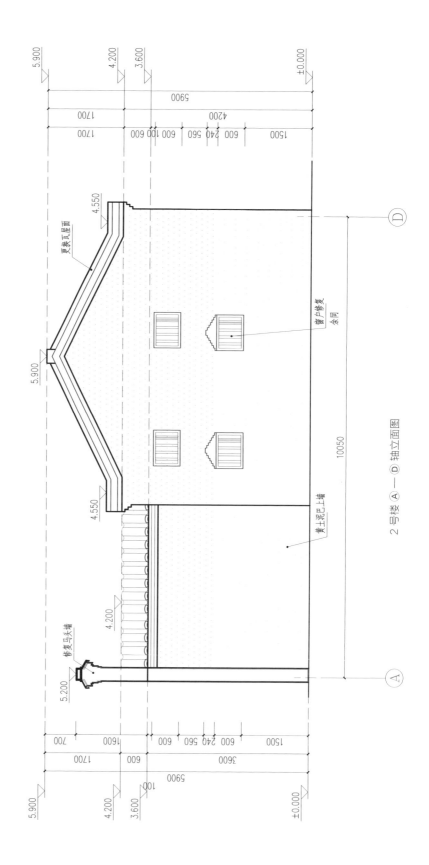

更换瓦屋面

窗台修复
余同

黄土泥巴土墙

修复马头墙

2 号楼 Ⓐ — Ⓓ 轴立面图

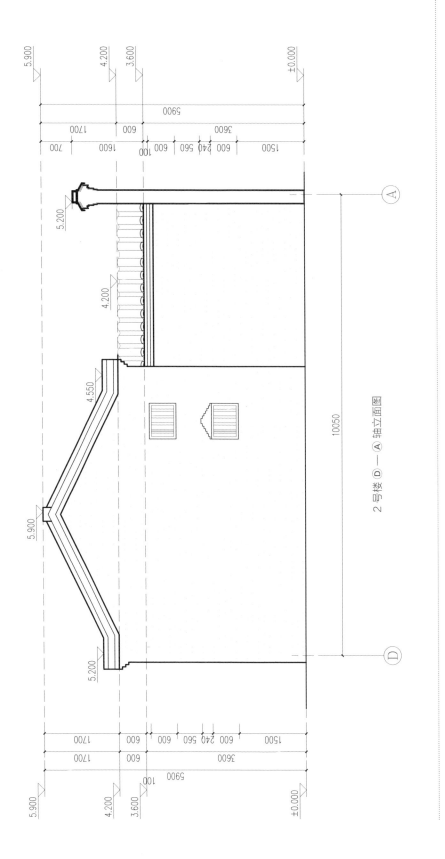

2 号楼 Ⓓ—Ⓐ 轴立面图

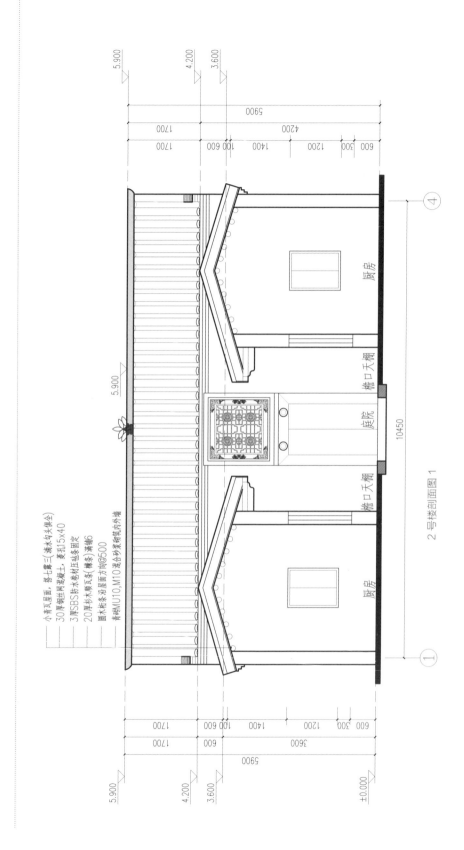

小青瓦屋面，搭七露三(满木勾头头俱全)
30厚镀锌网混凝土，麦刊15x40
3厚SBS防水卷材压毡条固定
20厚杉木顺瓦条(椽木满铺6
圆木檩条沿屋面方向@500
青砖MU10,M10混合砂浆砌筑内外墙

5.900

厨房   檐口天棚   庭院   檐口天棚   厨房

2号楼剖面图1

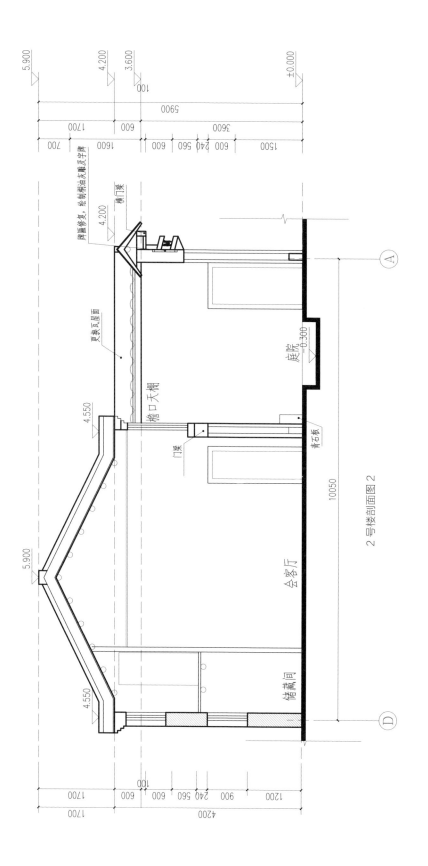

2 号楼剖面图 2

会客厅

储藏间

庭院

檐口天棚

更换瓦屋面

门梁

青石板

槛门梁

牌匾修复、绘制桐油灰罩及字牌

5.900
4.200
3.600
±0.000

4.200
4.550
5.900
4.550
-0.300

5900
1700
600
3600
700

1500
600 560
240
600
1600

10050

4200
1200
900
240 560
600 600
1700

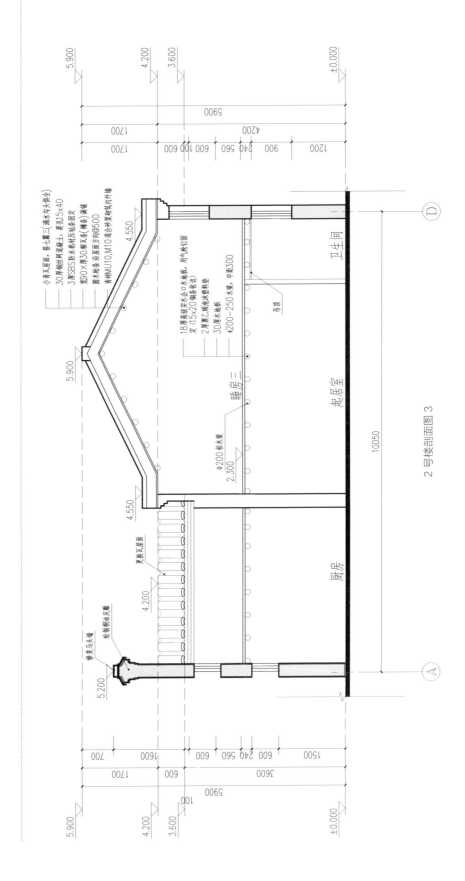

2号楼剖面图图3

修复马头墙

松制晾晒衣架

更换瓦屋面

小青瓦屋面，塔心露三滴水勾头保全
30厚钢丝网混凝土，麦扣5×40
3厚SBS防水卷材压色卷固定
更90×30顺瓦条（椽条）满铺
圆木椽条沿屋面方向@500
青砖MU10，M10混合砂浆砌筑内外墙

18厚高级木企口地板，用气钉回
皮(15×20钢条收边)
2厚乙烯涂料料垫
30厚老木地板
φ200-250木梁，中距300

φ200松木梁

睡房三

起居室

卫生间

厨房

吊顶

3.7 产业 IP

对比周边的村落，金山村不算特别贫穷，而且文化底蕴深厚。古祠堂、古民居建筑群是这里的"资本"，政府近年来一直在努力建设金山村，这里已经是国家 3A 级景区，大部分村民已盖起四层的新楼房。但村民们的精神是贫瘠的，家祠局部坏了，没人维修；村庄打牌、赌博、吵架的事情层出不穷。

如何改变现状？从产业发展着手。整合村庄的资源来发展产业，让老百姓有事做，让产业带动村庄的发展。

美丽乡村建设服务于每一位村民。建成之后，如何发展当地经济、文化等"软件"，比目前的"硬件"建设更加重要。当然，硬件建设也不能落后，二者应该同步进行。在建设过程中，乡村的经济发展和文化复兴迫在眉睫。

金山村的传统手工艺品有藤椅、竹编制品、刺绣等，农产品有莲子、板栗、红薯干、花生、红豆、黄豆、黄酒、米辣椒等，这些都是备受城市居民喜爱的乡野绿色农产品。但这些产品都是村民在家中零散制作，等到每月农历初三、初八的赶集日，村民挑着自家农产品到镇里售卖，没有制作、管理、营销等环节，平时游客在村里很难看到这些产品。

若转变产业模式，村民最担心的是投钱太多却没有回报。通过对金山村的传统产业进行分析，在没有特殊政策和资金支持下，需要村干部带领村民先尝试一种产品，将它做精做好。最终选定藤椅作为金山村的特色产品。

金山村的手工藤椅相较于周边村庄是最好的，在汝城县城也很有名气。过去村庄里的老人们都会编织老藤椅，编织藤椅的藤均来自大山的野生藤。后来，现代家具取代了老藤椅，藤椅慢慢就没有人做了。相较于现在的座椅，藤椅坐起来更加舒适，冬暖夏凉，工艺精美。制作藤椅，既可以充实老人的晚年生活，也可以让传统手工艺得到传承。

做出的藤椅如果不能全部售卖，还可以运用于项目建设。这种极具特色的传统家具，更适用于空间设计，有温度，接地气，打动人心。在游客的项目体验中可以得到宣传。

接下来便是包装，寻找合作厂商，搭建销售产业链，批量制作。前期组织村民在自己家中做，中期统一安排厂房制作，后期成立手工坊、工作室，带动竹编工艺品、刺绣、农产品的制作。

只要做好一个产品，就能让村民看到希望，大家用心来做，实现"在家门口就业"。

木雕匠人

竹编匠人

竹菜篮

3.7.1 农特产

　　村里的农特产以当季农产品为主，加工简单，纯手工制作，新鲜、绿色、有机。这里的老百姓保留着过去的生活方式，自家种的农产品先留足给自家人吃，剩下的拿到镇上赶集卖掉，换取自己家没有的食品。这几年依托于旅游市场的开放，来村里旅游的外地人越来越多，农产品受到游客的喜欢，每家每户就在家门口做起了生意，男女老少都参与其中。旅游旺季，老百姓都忙于做生意，淡季则种植这些农作物，生活节奏有快有慢，有忙有闲，这才是本真的乡村生活。

红薯粉　　　　　　蒸红薯　　　　　　　红薯干

板栗　　　　　　　红豆　　　　　　　　小米椒

红掌　　　　　　　大棚栽培多肉

3.7.2 产品设计

"爸爸妈妈的邮局"：该方案旨在建造一个老屋旧物风格的邮局，用怀旧的场景和音乐引发人们对父母的思念、对旧日亲情的回忆，促使人们购买明信片，给父母写一封信，通过邮局寄出，将这份情感传递给父母。

创意思路：将那些年代的沉淀化为记忆存储，表达心中的情感，并将这份温暖传递给父母。

表现形式：旧日时光——老屋、音乐；记忆缩影——微视频、写真；情感依托——明信片、文创产品。

广告语：寻找人生的初心。

辅助图案：两只大手代表父母，一只小手代表子女，三只手外轮廓形成一个心形，内轮廓也是一个心形，象征父母、子女之间的爱心。

产品设计图案

运作流程：了解产品—购买产品—情感投递。

了解产品：通过环境、音乐引导将消费者引入旧日回忆；导购上前接待；在导购的介绍下，消费者产生"给爸爸妈妈写封信"的欲望；导购带领消费者观看流程图，感受场景，并提供解说服务。

购买产品：消费者被氛围感染，准备购买产品；消费者给爸爸妈妈写信；消费者拍摄影像、微视频，打印相片或导出U卡；导购向消费者介绍延伸产品；导购向消费者介绍送给爸爸妈妈的老年用品；导购向消费者介绍主题纪念品及自主品牌产品。

情感投递：消费者付费，寄送邮件、包裹，邮递员每周取2次邮件、包裹。

店面要求：基本要求——独立的门店，位置要求——交通便利、人流较多，面积要求——30~50平方米。

装修风格：老式墙壁——砖墙或泥墙，老式地面——水泥地。

音乐风格：《滴答》（侃侃），《时间都去哪了》（姚贝娜），《被遗忘的时光》（蔡琴），《你的眼神》（蔡琴），《当你老了》（赵照），《想你就写信》（浪花兄弟），《月光》（李健）。

工作人员：至少两名店员；负责收银、导购、服务以及其他工作，统一着装（工作围裙）。

填写区：旧式长条桌，旧式椅子，旧式摆件，桌面语录（小纸条、卡片）。

售卖区：接待收银台，售卖产品陈列。

拍照场景区：旧式家居（旧写字台、大衣柜等），旧式摆件（缝纫机、自行车等），按照家庭场景布置。

主要产品服务清单

类别	产品	说明	制作
主要产品服务	明信片	慈孝主题明信片	印刷厂批量印刷
	照片速印（封装）	照片速印，可蓝牙打印	设备、耗材，淘宝、京东可直购
	微视频（U卡封装）	拍摄微视频，主题U卡封装	阿里巴巴可定制（小批量）

延伸产品清单

类别	产品	制作
延伸产品	相框	阿里巴巴批量采购
	相片音乐盒	

老年用品清单

类别	产品	制作
老年用品	药盒	阿里巴巴批量采购
	痒痒挠	
	多功能指甲刀	
	健身球	
	提菜器	
	七星锤	
	发光掏耳勺	
	暖手宝	

姓氏主题纪念品清单

类别	产品	制作
姓氏主题纪念品	玩偶	阿里巴巴批量采购
	印章杯	
	冰箱磁贴	
	雨伞	
	背包	
	文具	

自主品牌产品清单

类别	产品	制作
自主品牌产品	笔记本	批量订制
	鼠标垫	
	环保袋	
	订制环保袋	
	T恤	
	定制T恤	
	暖手宝	

成本预估参考

类别	产品	说明	费用
店面	装修	墙体、地面等	1万元左右
	装饰	门头、邮箱、灯具等	2万元左右
	老物件	老式家具、老式电器、老式用品等	1万元左右
设备	无线照片打印机	照片打印、塑封	1万元左右
	高清数字专业DV	广角高清，摄录一体	2万元左右
	其他	收银机、音箱等	1万元左右
产品	主要产品订制	根据设计，明信片印刷、U卡制作等	1万元左右
	老年用品采购	批量采购现成产品	2万元左右
	姓氏主题纪念品采购	批量采购现成产品	2万元左右
	自主品牌产品订制	根据设计，订制相关产品	3万元左右
合计	16万元（实际投入可能有增加）		
备注：不含员工工资等其他费用			

专门设计了邮局的标志、明信片、环保袋、服务员的服装以及文创类产品。

姓氏主题明信片

慈孝主题明信片

风景主题明信片

3.7.3 莲花经济

金山村的莲花种植经营、农家乐、景观节点管理等方面，集中解决了 360 多人的就业问题，其中贫困户 50 人，让群众实现了"家门口就业"的双赢目标。种植莲花不仅引来游客观赏，还为村民们带来经济效益。"白莲栽培一年，每公顷莲子产量达到 1500 千克，按当前市场价 80 元 / 千克计算，每公顷收成达 90 000 元，为促进农民增收、产业扶贫攻坚打下坚实的基础。"土桥镇扶贫站站长何桃丽说。"生产全天然有机农作物，使农民安居乐业。2016 年还引入金山古村文化旅游开发有限公司投资，采用'公司 + 专业合作社 + 基地 + 农户'的模式，成立了金山白莲产业开发专业合作社。"金山村村主任叶昂齐介绍，"公司为扶贫户提供产业帮扶资金约 9000 元 / 公顷，免费提供种苗，并由专业合作社统一购苗、统一培训、统一销售、统一加工，农户只需负责日常的种植管理。"

3.7.4 旅游经济

金山村依托于两个作为国家文物保护单位的古祠堂，发展文化旅游和休闲农业旅游。据统计，2016 年前十个月，村里共接待游客 7 万多人，实现旅游综合收入近 300 万元，同时引入"龙腾花卉产业园"、莲子加工厂、数据线加工厂、农家乐等项目，为村民提供就业岗位，满足村民"在家门口就业"的愿望。

金山村的乡村旅游开发项目是汝城县发展文化旅游、自然生态观光游、农业体验趣味游的一个范例。汝城县扩大乡村旅游示范景点的建设，结合当地的红色文化资源，先后启动 35 个旅游示范村建设项目，扩大乡村旅游景点的覆盖面。2016 年 1 月至 10 月，汝城县乡村旅游共接待游客 474.31 万人次，实现旅游综合收入 22.79 亿元，同比增长分别为 13.65% 与 15.12%。

4 乡村生活

4.1 乡村景观与农业

4.1.1 荷塘景观

村庄农业风貌

　　汝城县是"莲文化"的发祥地，周敦颐在此创作了《爱莲说》。金山村拥有众多的古祠堂，具有浓厚的莲文化底蕴，总体定位以"荷花景观"为主题，将莲花文化与理学文化有机结合，使人们更直接、更形象地了解理学文化和莲花品格。

周敦颐与《爱莲说》

项目建成后，金山村依偎在一片"莲花花海"之中。同时，汝城县政府在金山村专门成立金山白莲产业开发专业合作社，计划将理学文化与莲花产业相互融合，形成文化与产业共赢的经营模式，使莲花文化与莲花产业能够共同发展，让莲花不仅是一种景观，更成为村民的经济产物，多方位带动村民创收，为金山村村民造福。

荷花盛开的季节，很多来到金山村的游客因欣赏荷花而留宿一晚，让旅游行程慢下，来体验这里的美食美景。村民抓住商机，在政府的引导下，在荷花栈道旁规范、有序地摆上摊位，自家产的糍粑、莲子等农产品深受游客喜欢。此外，村民带领游客下田采摘莲蓬和莲花，体验采摘带来的乐趣。

荷塘景观风貌

4.1.2 村庄的农业和经济产业

项目建成后，村庄的农业以莲子产业为主，成立了莲子加工厂，实现产品的自产自销。生姜、红薯、小米椒、红豆、花生等农特产变成商品，卖给游客。特别是村里的老人们在田心组叶大姊的带领下成立了红薯干加工厂，用最传统的方式加工出来的红薯干深受游客的认可，甚至"供不应求"。很多城市经销商来到村里采购，老人们忙得不亦乐乎。红薯干的加工使得村里大量闲置的土地得到利用，村民在闲置的土地上全部种上红薯。

政府和企业联合投资，建立了"龙腾花卉产业园"，温室大棚扩大规模、投入使用，专业培育以红掌为主的中高档盆花，销往沿海城市，有效带动了村民就业。

在规划设计方面，建设滨水商业街，为 30 户村民提供经营商铺。村民在这里售卖农产品，开设农家乐和农家客栈，解决外地游客的吃住问题。村庄的农业和经济产业解决了约 300 名村民的就业问题，其中贫困户 50 人。由此，村民可以在家门口就业，走上脱贫致富之路。

农家散养鸭子

荷花种苗种植

红掌

红掌苗圃栽培

4.2　生活污水处理

　　村庄民居布局以祠堂为中心，每个姓氏家族依靠本族的祠堂紧密地建造自己的居住楼。过去没有污水处理的概念，生活污水直接排进河道，但金山村每家每户的污水不会直接排到祠堂前的荷塘中，荷塘里的水主要源自雨水。为了解决村庄的污水问题，"湖南农道"提出了三大解决措施：一是村庄污水进入污水处理池，进行生态系统过滤后流入河道；二是生活用水和经过生态系统过滤后的水流入荷花塘；三是村中心雨水流入祠堂前的荷塘。

　　结合现代人的生活习惯和古建筑群的实际情况，在古民居建筑群中以家庭为单位设计了小型污水处理系统。生活污水直接排放到化粪池，化粪池也可以满足村民菜园施肥的需求，而多余的污水经过沉淀过滤后，流入村庄的污水集中处理池。古民居中的雨水经过巷道的暗沟流入河道。由此，对生活污水和雨水进行隔离排放，污水得到最大限度的利用，这种方式也是当今中国乡村污水最传统的处理方式。

　　因资金有限，村庄整体污水处理系统暂未开展设计和施工。

村庄水渠

4.3　村庄资源分类系统

　　按规划设计要求，村庄停车场处建设了一个"资源分类中心"，把垃圾进行细致的分类，主要分五大项：金、木、水、火、土。

　　"金"代表易拉罐、废铜烂铁。

　　"木"代表纸张、书报。

　　"水"代表湿垃圾、泔水。

　　"火"代表塑料瓶、塑料袋。

　　"土"代表玻璃、陶瓷。

资源分类标志

村庄垃圾按这五大类来细分，可以实现有效的资源转换，变废为宝。

目前，村庄建设施工已基本完工，村民逐渐养成了垃圾分类的好习惯。

资源分类中心建筑效果图

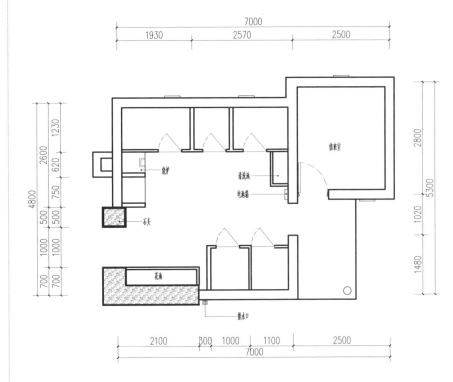

资源分类中心平面图（建筑面积：35.5 平方米）

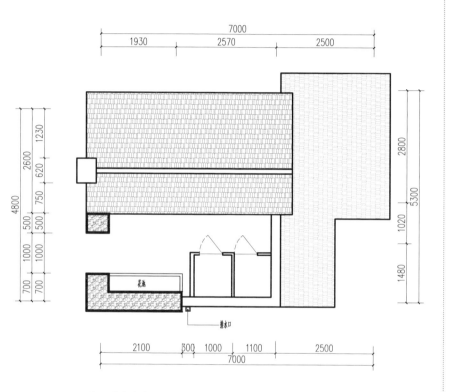

资源分类中心顶层平面图

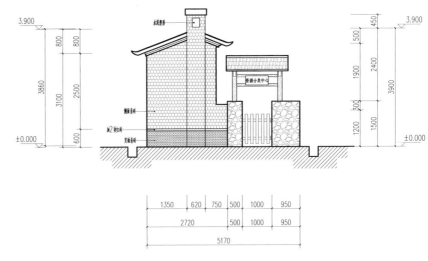

资源分类中心东侧立面图

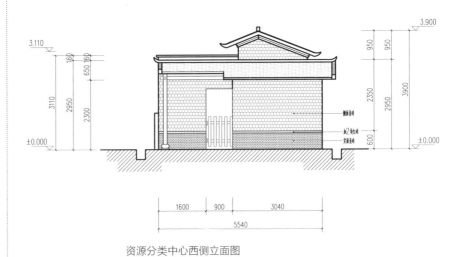

资源分类中心西侧立面图

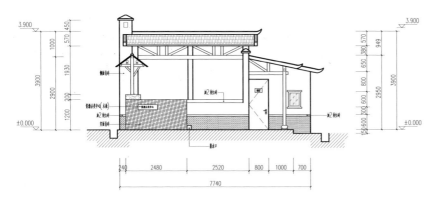

资源分类中心南侧立面图

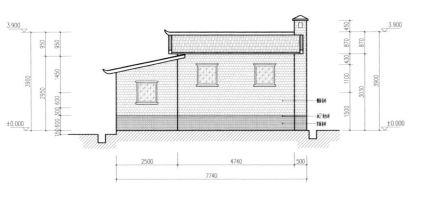

资源分类中心北侧立面图

资源分类中心实景

村庄环卫工人

5 预算与施工

5.1 项目总造价和各项造价

单位工程费用汇总表

工程名称：汝城县金山村（二期）美丽乡村景观节点项目外立面改造工程

序号	工程内容	计费基础说明	费率/(%)	金额/元
1	直接费用	人工费＋材料费＋机械费		2 747 404.11
1.1	人工费			1 269 658.13
1.1.1	其中：取费人工费			1 171 991.68
1.2	材料费			1 387 342.05
1.3	机械费			90 403.93
1.3.1	其中：取费机械费			78 085.34
2	费用和利润	管理费＋利润＋总价措施项目费＋规费		1 063 970.07
2.1	管理费	取费人工费＋取费机械费	24.36	304 519.03
2.2	利润	取费人工费＋取费机械费	26.54	331 770.62
2.3	总价措施项目费			163 716.60
2.3.1	其中：安全文明施工费		12.67	158 384.72
2.4	规费	工程排污费＋职工教育经费和工会经费＋住房公积金＋安全生产责任险＋社会保险费		263 963.82
2.4.1	工程排污费	直接费用＋管理费＋利润＋总价措施项目费	0.4	13 984.94
2.4.2	职工教育经费和工会经费	人工费	3.5	44 438.66
2.4.3	住房公积金	人工费	6	76 179.49
2.4.4	安全生产责任险	直接费用＋管理费＋利润＋总价措施项目费	0.2	6992.77
2.4.5	社会保险费	直接费用＋管理费＋利润＋总价措施项目费	3.5	122 367.96
3	建安费用	直接费用＋费用和利润		3 811 374.18
4	销项税额	建安费用×税率	11	413 619.56
5	附加税费	（建安费用＋销项税额）×费率	0.3	12 521.39
6	其他项目费			0.00
7	优惠		6	199 950.35
8	工程造价	建安费用＋销项税额＋附加税费＋其他项目费－优惠		4 037 564.78

5.2 施工单位

施工单位是由政府推荐的有施工经验的本地施工队。由于这是古村，许多建筑元素和施工工艺只有本地有经验的老木匠和老泥工师傅最清楚。工人师傅平均年龄 50 岁，许多传统工艺只能靠这些老师傅来施工，以便把古民居修复得"原汁原味"，如马头墙的做法、老青砖砖缝处理、屋角的徽雕雕刻、木作部分的结构形式等。

5.3 建筑材料

主材为老青石、老青砖、仿古青砖、小青瓦、土砖、红砖与水泥砖。就地取材，尽可能减少外地材料的使用，降低运费，节省成本，避免因运输时间过长而影响施工周期。

废材料砌筑艺术墙

5.4 项目建设周期

2015 年 7 月开始设计，2015 年 10 月至今进行施工。

古民居修复施工现场

项目建设总体情况表

项目	地点	施工进展情况	设计方案
十处景观	村口	已完工	
	荷花塘景观	已完工	
	月季花广场	已完工	
	古树广场	已完工	
	老村口	已完成 80%	
	别驾第景观改造	已完工	
	"金山古村"建筑标志	暂未施工	
	莲花草堂	已完工	
	水渠周边环境改造	暂未施工	
	进村主干道绿植改造	已完工	

现场照片	建设周期	备注
	48 天	—
	4 个月	—
	20 天	—
	39 天	—
	26 天	凉亭盖在村民田中，就用地问题未达成协商意见
	35 天	—
—	—	需协商用地
	6 个月	2017 年 4 月动工
—	—	政府建议先对其他点进行施工，暂不影响整体环境，延后施工
	2 个月	—

续表

项目	地点	施工进展情况	设计方案
五处祠堂	叙伦堂、陇西堂、别驾第、敦本堂、大夫第	暂未施工	—
五处古民居	1号古民居（金山书院）	暂未施工	
	2号古民居	已完工	
	3号古民居	已完工	
	4号古民居	已完成80%	
	5号古民居	暂未施工	
新增设计节点	村部外立面改造及青砖房外廊加建	已完工	
	红砖房外立面改造	已完工	
	公共卫生间	已完工三处	
	资源分类中心	已完工	
	停车场历史文化墙	暂未施工	
	滨水商业街	暂未施工	

现场照片	建设周期	备注
—	—	已完成大夫第建筑修缮。根据县文物所的要求，所有祠堂只做室内陈设，不动结构
—	—	叶氏敦本堂祠堂隔壁，需协商用地
	3 个月	室内家具由软装公司布置
	5 个月	正在进行室内刷墙
	5 个月	—
—	—	卢氏叙伦堂隔壁，需协商用地
	26 天	—
	2 个月	完成 187 栋民居改造
	每处 1 个月	—
	1 个月	—
—	—	需协商确定施工队
—	—	需与村民协调

6 手 记

6.1 设计小记

　　方案要落地，项目要顺利开展，设计师必须下乡驻场，深入村民的生活，才能知道村民真正需要什么，乡村干部的工作怎样开展。每天根据工地开展的工作做好记录，多总结，多思考，找方法，这是我从驻村的这两年实践中得出的经验。

6.1.1 金山村的重生｜五大改造，激活古村落

撰稿：李金安

　　"暖暖远人村，依依墟里烟。狗吠深巷中，鸡鸣桑树颠。" 陶渊明的《归园田居》中描述的场景，不知让多少现代人心驰神往。散布在土地的一座座千百年老屋是血脉之河的一个个古色古香的渡口，沿着它们提供的线索，我们可以追寻民族的历史、心灵的历史。汝城县金山村便在其中，散发着古老的艺术魅力。

　　"空心村"的问题不仅存在于中国，发达国家因高速的城市化进程也面临着同样的境遇。在国外，部分艺术家开始加入"拯救村落"的队伍，用艺术化的方式重新赋予村庄活力。这是"艺术村"的独特之处，也是幸运之处。它们的存在带给我们许多启发，也让我们看到传统村落的大好前景。

　　金山村又称"荆山"，位于湖南省郴州市汝城县东北部，全村古民居以宗祠为中心，保留着规模较大且较为完整的明清古民居，面积为6000多平方米，

规划严整，布局严谨。然而，整个村庄缺乏活力，优势资源未得到充分利用，局部景观点与周边杂乱的环境形成极大的反差。

在传承和保护古民居的同时，如何有效激活古村落蕴藏的独特魅力？近两年，随着乡建热潮的袭来，众多乡建实践者的乡村设计很快为人熟知，负责金山村项目的乡村建筑师周杰军也在其列，但他没有被这股大风吹乱了方向。

在孙君老师的指导下，他坚持用艺术化的方式开启一场精彩的古村落改造革新。在乡村，艺术家和建筑师共同参与，以古村土地为灵感，与村民和志愿者一起完成一幅"归园田居"式的古村作品。现在，整个地区活力四射，当地人乐在其中，城里人也纷至沓来，在古村中度过愉快的时光。

很显然，乡村改造的对象不仅是盖房子。如何做好整体规划，在实践中"接地气"是乡村建筑设计的关键。周杰军从金山村的改造实践中总结了五点经验，值得乡建行业古村落改造者们借鉴和参考。

1）改造农村闲置房和公共广场，打造公共文化服务场所

金山村第一古民居结合旁边的祠堂，布置为"理学讲堂"，庭院中新建了一个戏台，作为游学讲座和民间戏曲表演的舞台。这里既可以唱戏，又可以说书；既可以传承经典国学文化，也可以叙说家乡故事。这里是村民自己的舞台。外来游客在欣赏艺术品的同时，也能体验独特的居住方式。

2）结合当地传统工艺，完善建筑细节

金山村在室内改造上注重室内采光、通风，以及装修风格与建筑的融合。

古民居室内改造后局部细节

古民居室内改造后实景

在材料运用上，保留当地传统工艺，将木材做碳化处理，保留木材原有最自然的木纹，既节省成本，且更加环保，又起到防虫、防腐的作用。特别值得一提的是一面墙的装饰材料，设计师结合村庄老人们的传统手艺"竹编"，极具地域特色。

设计师说："乡村建设让本村村民参与其中是一件多么难得的事，让村民展示传统手艺，并在项目建设过程中获益是一件让人非常高兴的事！"

3）保持古民居原貌，赋予全新的功能意义

金山村在传统民居、古建筑及外在基础设施的改造上尽量维持原有街道的走向、尺度及特色，尽可能保持古建筑的原貌。对于失去原来功能意义的古建筑，则根据现代人的生活习惯，赋予全新的功能。

很多房间内部功能布置简单，没有厨房和卫生间，无法满足现代人的生活需求。改造后，室内功能重新布置，赋予新的功能，如将古民居室内一层分为办公区、展厅、厨房、卫生间、楼梯间；二层阁楼为一个套间，睡房带卫生间，过渡空间为书房。将办公区的隔墙打通，拆除阁楼，打造一个挑空大空间，兼具餐厅和茶室功能。

4）发展特色旅游经济，激活村民闲置房屋

历史悠久的祠堂古韵十足，是当地族人血脉维系、祖训精神传承胜地，正以其丰富的人文积淀、独特的古韵风雅，吸引越来越多的外来游客。设计师在保持传统古民居原有历史风貌和文化价值的同时，对古民居内部进行适当的改造，提高居住舒适度。

在室内饰品陈列方面，设计师颇费心思。在旧房改造过程中，设计师看到老房子里有很多旧物、破坛子、破罐子，看着可惜又爱不释手。设计师说："每次搬运时都提醒工人们，看到这些旧物千万不要弄坏了，要统一存放起来。短短一个月时间我们收集了满满一屋的破坛罐，村民都笑话我是'收破烂'的。"

村里的老人们说，这些坛坛罐罐是儿时的记忆，敲打着每个游子、过来人的心，激起强烈的情感共鸣。这些逐渐老化的东西经过艺术家、建筑师之手，比新的东西更具魅力。

5）结合当地传统文化，打造民俗文化旅游

中华传统文化是中华民族几千年的文化结晶，是一笔宝贵的文化财富。汝城县是"莲文化"的发祥地，在拥有众多古祠堂的金山村，如何将莲花文化与理学文化有机结合，使人们更直接、更形象地了解金山村是设计师考虑的重点。

于是荷花景观主题应运而生。金山村的周边环绕着大片的荷花塘，犹如"莲心"，依偎在青山与莲花之中。

工人们别具匠心，充分利用每一块废砖废瓦，变废为宝，打造一个艺术长廊。在这面旧砖墙上，莲花、莲蓬、莲叶、水、鱼等各种元素使整体环境与历史文化名村完美融合。

面对那些颓败的村落，或建筑改造，或景观营造，或业态植入，建筑师和艺术家选择其所擅长的方式。凡此种种，殊途同归，让村落的美好世代永存！

近年来，金山村坚持大力发展文化旅游业，发挥古祠堂资源优势，探索文物资源保护利用的新思路，进行村主干道、环村公路的提质改造，投资"五彩金山"广场、停车场和健身广场建设等基础设施建设，对古祠堂周边现代民居实施仿古改造工程、点亮工程、通道绿化和立体绿化等项目工程，大力开展环境卫生整治，打造"新农村、新旅游、新风尚、新体验"的特色旅游村庄。

6.1.2 采访设计师

"80后设计师"是第一个标签；在北京从事室内设计四年，回到湖南长沙，是第二个标签。从自身的角度解释一下，你觉得第一个标签代表什么？从设计环境来说，北京肯定优于长沙，为什么选择回来？

周杰军：2015年5月，我从北京回长沙工作。

我出生在农村，并在农村长大，在农村，父母都希望孩子通过读书走出农村，去城市发展。相较于同辈的80后同事们，我耕过田、放过牛、干过很多农活，对农村的生活有着特殊的感情。80后的年轻人在工作中不受传统观念的束缚，有强烈的进取精神；敢为人先，不怕失败；乐于消费，追求时尚；追求自我的最高价值。承担乡村建设工作80后的设计师应该更加有情怀、有担当。

为什么选择回来？我的北漂生活是从工地到小型设计公司，再到国际一流的设计公司。2015年3月参加"2014年中国设计年度人物颁奖盛典"时遇到孙君老师，乡村建设在我心里播下了第一颗种子。同时我也是一个比较顾家的人，毅然决定回家乡发展，放弃当时的工作。每个人最有冲劲的时候，正是25～35岁这黄金十年。这十年里面可以不计一切代价地实现目标。这个目标不一定是功成名就，而是说趁还做得动的时候，多完成一些想要追求的事情。

回到长沙后就加入了"湖南农道"吗？金山村是你做的第一个乡建项目吗？

周杰军：我回长沙后便加入"湖南农道"，做的第一个项目是金山村，也是第一次和孙君老师一起来完成。

在"湖南农道"，"新人"都被派做驻村设计师吗？参与这个项目的设计团队大约是什么规模？整个项目历时多久？你驻村持续了多久？你是全程跟进项目建设吗？

周杰军：目前，专门成立了工程部，新人进来都要安排去现场实践，项目负责人负责项目跟踪，从设计到施工全程指导方案落地。

有5名成员参与金山村项目，我是项目负责人，负责项目统筹管理、方案设计与驻场现场指导。1位建筑师负责建筑设计，3位绘图人员负责绘制部分建筑图纸和效果图。

项目从2015年7月开始调研做设计，10月进行汇报，确定方案，开始做示范点施工，选择施工队。我从10月驻场一直到2017年4月底离开金山村项目，全程跟进项目建设。

在视频中看到，金山村的荷花塘、古村落的布局、肌理以及那些老房子的建筑，让人感到很震撼。你第一次到金山村，有什么感受？

周杰军：项目建设前，金山村除了在祠堂前的池塘里种植荷花，其他村庄外围的农田都没有种植荷花，大部分农田以种植水稻为主，小部分农田已经荒废长满了杂草。

第一次来到金山村，站在村庄外围往里看，看不出这是一个古村落。古建筑群被新盖的红砖房包围，有很多荒废的农田，新修的道路和招呼站都是园林化的风貌，毫无历史感，村庄道路边、河道垃圾成片。进入古村落建筑群，我却深深被古祠堂和古民居吸引。这里的古祠堂雕梁画栋、工整细致、古风古韵，在汝城县别具特色，且有两处是全国重点文物保护单位。古民居围绕宗祠及主巷道整齐排列，巷道、沟渠构成村落的基本骨架。从布局特色来看，青石板砌的巷道和河卵石砌的排水沟走向和平面布局均保持一致。部分古民居面临倒塌、无人管理的状况，古民居里住的基本上是老人和病弱人员，生活条件和环境极差。这也是我做金山村项目的最大动力，这里的古村落亟须保护和激活。

金山村的定位是汝城县全域旅游开发的顶级示范，在满足旅游发展需求和"让乡村回归本真"之间，规划团队在设计思路上如何进行兼顾和平衡？"顶级示范"通过什么实现？

周杰军：金山村本来就是3A级景区，有一定的社会影响力和游客量，这个项目的初衷并非做旅游建设。这个村庄的年轻人很少，大部分有志青年都在外务工，留守儿童和孤苦伶仃的老人居多，但这里的农耕文化、祠堂家谱文化、理学文化保留完整，内容丰富。我们从整体出发，没有引入其他设计元素，基本保留村庄的布局肌理，激活古祠堂、修家谱，修缮古民居，加强村庄的基础设施建设，布置村庄产业，吸引年轻人回来发展。把这里的古民居保留、修缮好，室内空间融入现代人生活习惯，加入厨房、卫生间、睡房等空间功能；带动村里老百姓对古民居的保护意识，保留这里原有的乡村景象。保护好古村的自然肌理，游客自然就来了。

"顶级示范"是通过古村的保护手法——建筑的修护工艺来做示范，通过古民居的再利用来满足现代人的生活。

金山村是文化名城、理学发祥地，也是个古村落。你去过高椅村（"湖南农道"的项目之一）吗？了解高椅村的项目吗？同样是古村落，在你看来各自的特点是什么？

周杰军：2015 年，第一次去高椅村考察，后来参与该项目的前期设计工作，对这个项目有一定了解。

高椅古村三面环山，一面临水，是典型的依山傍水型古民居村落，生态环境优越，自然风光和人文内涵交相辉映。高椅古村明风清韵，处处蕴涵着深厚的文化底蕴，充满迷人的风采和魅力，由于特殊的地理位置，风貌受外界环境影响小，基本保留传统建筑风貌。村内居民姓氏基本统一，85% 以上为侗族杨姓。村庄建筑除了砖混结构的建筑，其他院子里都是两层穿斗式结构的木质小楼，厅堂、居室的门雕、格扇、栏杆十分精巧。

金山古村特点是四面被农田包围，整体布局相对独立，古民居以宗祠为中心，围绕宗祠及主巷道整齐排列。巷道、沟渠构成村落的基本骨架，没有单独的庭院，邻里之间相互依靠。村庄姓氏主要是卢、李、叶三大姓氏，各个姓氏集中分布。古祠堂和古民居建筑用材主要是青砖、青瓦和夯土，以青灰色为主调。在房屋装饰元素上砖雕、木雕、石雕的雕刻图案复杂，工艺精美。古建筑在保留完整度和时间上胜过高椅村的古建筑。

从感觉上，金山村整体布局改变并不大。那么，除了对祠堂、老屋等节点的改造，项目中动作最大或者改变最大的部分是什么？

周杰军：金山村整体布局没有做大的改动，保留好古村落原有的肌理布局，改变村庄外围脏乱差的整体环境，使古村落整体协调；注重产业发展，引入荷花种植，打造荷塘景观。对道路周边景观园林化做大的调整。

从规划设计到实施，采取从村庄外围向内部深入的方式，是出于什么原因？

周杰军：村庄内新老建筑混杂，新建建筑风格杂乱无章，缺乏整体感，影响古村落的整体风貌。村庄周围有大量闲置的土地或农田，杂草丛生，未被充分利用。村庄旅游资源单一，游客参观完古祠堂，没有其他景点疏散游客，可停留的时间短。基于此，从村庄外围入手，让老百姓看到村庄建设的希望，更好地推动村庄内部建设。

目前，金山村项目的环境规划，包括荷塘、基础设施、道路等重点点位，但节点部位（村口、招呼站、祠堂、古民居）只是点状布局，这与"绿十字"很多项目似乎有很大不同？

周杰军：大多数项目是以点带面，以更好地推动项目建设。金山村虽然是3A景区，但基础设施还不健全，旅游资源单一，先做整体，再做示范点，带动村民一起来建设村庄。村庄主要是三大姓氏，布局点位应照顾到每个姓氏家族，才能推动村庄整体发展。就像一个家庭有三个孩子，必须平衡对待，否则会产生矛盾，村庄关系会不和谐。

祠堂是金山村最大、最宝贵的财富。方案中确定5个祠堂的改造，并赋予各自不同的功能。增加祠堂的实用功能，在设计上应该不难，但是否能得到村民或者家族的支持？目前完成了多少？

周杰军：祠堂建设主要是修缮和"软件"布置，已得到了村民的支持。目前完成2处祠堂修缮，"软件"布置因经费问题暂未实施。

村里的古民居很多，但从整体规划设计方案中，只提到5处改造，仅完成1处。其余古民居的改造有什么计划？

周杰军：已完成5处古民居改造设计方案，启动完成有3处，分别是二号工作室、三号客栈与四号猪圈餐厅，其中一号和五号是作为村庄公共用房，功能定位为图书馆和民俗馆，其余古民居建设暂未启动。

除了文化挖掘，如何推动乡村旅游产业发展，也是乡建规划设计项目的重点之一，这是"绿十字"提出的"软件"设计理念。你如何理解超出设计师一般职责和认知的"软件"设计？

周杰军：乡建项目建设中"软件"设计也要同步进行，如果村庄完成"硬件"建设，而"软件"没有推动，则只是一个"空壳"，没有内涵，不能持续健康地发展，也走不长远。乡村建设过程中缺少的村民参与、活力、文创、产业等，均需要"软件"来辅助完成。

好比古民居修缮是"硬件"建设，房子里点缀民宿文化是"软件"，它可以激活古民居的使用价值。

在个人介绍中，你专门提到自己来自乡村。那么，作为驻村设计师，和村民"打成一片"会有优势，但是否也需要重新适应驻村生活？重新回到乡村，与原来的乡村记忆有什么不同？跳出之后再回来有什么新的体验？对于"乡愁"，对于"绿十字"提出的"把农村建设得更像农村"，你怎么理解？

周杰军：我离开乡村十多年，一开始回到这里也要重新适应，比如，住宿条件、风俗习惯、与人沟通等方面。

乡村保留着过去的农耕文化和生产方式，男耕女织、孝道文化等与过去一样，不一样的是人口变少了，尤其是年轻人少了，乡村变得缺少活力。我来到乡村跟村民一起生活，在村民眼中成为半个村民，平时在村中大人们找我闲聊家常，小孩们找我教他们画画，老人们跟我讲过去村子的历史故事，这一切让我感到温馨、踏实而又如此真实。

"乡愁"是一种感觉，也是一种美好的回忆。"把农村建设得更像农村"是一种美好的景色，是让人看得到、让人看着产生乡愁的景色。"乡愁"是一份深沉的爱，对于离开故土的游子，在异乡打拼、面对城市的钢筋水泥时，内心是空虚且寂寞的，时常想起家乡的炊烟袅袅、清澈的小河、儿时的玩伴。"把农村建设更像农村"说的是保留农村那些让人怀念的、让人心生涟漪的物象，摒弃落后、贫穷、愚昧，给人们一个回得去的家乡。

在项目资料中"新式民居建筑式样"部分，分析了新房毫无特色、千篇一律的原因。那么，在项目改造过程中，在与村民接触中，你是否和他们讨论或纠正他们的一些理念？村民的反应如何？

周杰军：村民建房的审美易受城市人的影响，村庄父辈们建房大多是为儿子结婚。年轻人习惯了城市的生活方式，想要让孩子回来结婚生子就要盖他们喜欢的房子。很多老人们为儿子建楼房，自己却喜欢住在老房子里。在民房项目改造过程中，我跟村民讲到古村风貌要求，大家对古村资源很珍惜，大多支持我们的工作，配合政府来改造外立面。

孙君老师说过，现在的设计科班教育有很大缺憾，在乡建方面尤为突出，在驻村和现场施工过程中，你对此有什么体会？学到了什么？

周杰军：我们学的是城市建筑设计，没有专门学过乡村建设，驻场施工指导要靠自己摸索，有时设计想法很完整，图纸表达很清楚，但现场施工不确定因素太多，对设计方案改动会很大，施工图只是作为施工引导，不能作为施工依据，反而效果图在现场作用会更大，尤其是对工地的工人来说，看不懂施工图，只看效果图，往往看效果图做出的东西更能打动我们。

在古村改造过程中，我的设计包含当地的传统结构和构造做法，与当地工匠一起研讨对策，充分听取他们的施工建议。尤其是古建中木结构的做法，老匠人比我熟练得多，我只需提出自己的想法和要求，具体施工交给他们。乡村景观的施工发挥"匠人精神"，往往会达到意想不到的效果。施工与设计是一个互动的过程，有效沟通和相互信任有助于提高工作效率，推动项目建设。

我从工匠们那里学到了传统工艺和施工技巧，工匠们在和我沟通的过程中提高了设计认知和审美水平，相互磨合，相互信任，使传统工艺得以继续传承和发展。

在方案中，为了发展金山旅游产业、发掘特色产品等，做了很多工作。比如，"爸爸妈妈的邮局"背景音乐的选择？这是专门的"软件"设计团队还是规划设计团队完成的？目前，这些"软件"设计实施及实现程度如何？

周杰军：此部分由"绿十字"聘请北京农道普世广告有限公司来完成，因资金问题暂未实施。

你提到在驻村过程中发现村民在经济上并非最落后，但精神上却是匮乏的。于是，把产业发展作为突破口，和村领导一起挖掘农副产品、手工艺品……不仅用于项目设计，还为这些产品寻找各种销路。这期间，村民的参与程度如何？反馈和效果怎么样？

周杰军：政府引导村民参加一些专业技能培训，如厨师培训、菜系摆盘、农产品售卖区环境整理等。村里成立了一个红薯干加工厂，由村民经营管理，在自家门口售卖农副产品。这两年，村民的农产品全部卖完；去年年底我打电话给村干部想买一批莲子，村里都没有存货。因农副产品热销，村民把自己家的地全部种上农副产品，加大种植面积，充分利用土地。旅游淡季，村民忙于农耕，旺季售卖农产品，积极参与其中。

在项目建设中，孙君和"绿十字"的其他老师、"湖南农道"的领头人胡鹏飞等给了团队成员和你哪些指导与支持？你印象最深的是什么？

周杰军：孙君老师提出项目整体规划设计方向。我一直坚持孙君老师提出的"把农村建设得更像农村"的设计理念，所有工作以保护和激活古村落为核心，保护生态环境，让老百姓受益。项目建设过程中孙老师多次来到现场指导，给年轻人施展才华的机会。每当我给他看方案，他只指出大方向，很少具体修改设计，尊重我们的想法，鼓励我们大胆尝试。王强老师和其他专家老师多次参与项目的"软件"建设，走访村庄，与村民深入沟通，为项目顺利开展奠定了基础。孙晓阳老师为这个项目总负责人，多次协调各方关系，把关项目进展，为村庄引进"软件"建设的设计团队，为村庄建设出谋划策。

胡鹏飞先生一直嘱咐我们做金山村项目要不计成本，最大限度地支持、配合政府和施工方。我们经常在公司开展"头脑风暴"，组织大家研究讨论。同时，胡先生鼓励我们大胆尝试，使我们增加实践经验，脚踏实地地解决问题。

6.2 官方宣传

风铃之约——触摸金山村的乡愁

时间：2016 年 8 月 22 日

撰稿：张玮

来源：中国乡愁文化发展研究中心

金山村全景

　　湖南省汝城县金山村是一个风景秀美、文化底蕴深厚的历史文化名村。1050 — 1054 年，史称"上承孔孟，下启程朱"的先贤、宋代理学家周敦颐任汝城县县令。在此期间，汝城县"风节慈爱，吏治彰彰"，周敦颐更是留下了《爱莲说》《拙赋》等千古名篇。千百年来，汝城"士率其教，吏思其威，民怀其德"。汝城县金山村深受周敦颐理学思想的影响，村民民风淳朴，宗祠文化弥久不衰。目前，村里有 7 处建筑工艺精湛、文化内涵丰富且保存基本完好的明清古祠堂，其中叶氏家庙（敦本堂）、卢氏家庙（叙伦堂）更列入国家级重点文物保护单位。

　　2015 年金秋，在汝城县委、县政府的主导下，委托被誉为"中国乡建第一人"的"绿十字"发起人、中国乡建院联合发起人、中国乡愁文化发展研究中心学术委员会主任孙君先生及其团队，进行长达两年的美丽乡村建设实践。

　　孙君老师多年来一直坚持这样的乡建理念：把农村建设得更像农村。对于美丽乡村建设，特别是金山村这样有着历史文化底蕴的古村来说，其"美"主要体现在四个层面：一是美丽的乡村外观风貌；二是附着在村庄一砖一瓦、一草一木之中的浓厚文化底蕴；三是村民根深蒂固的文化观和文明理念；四是帮助村民提升经济创收能力，引领村民树立正确的社会主义核心价值观。只有这四个层面的"美"达到和谐统一，才算是一个真正属于农民的美丽和谐的乡村。

　　基于以上四个层面，金山村的建设理念以"文化旅游，安居乐业"为原则，一方面，通过修复村内的祠堂及古建筑群，保留古代建筑风貌和宗祠文化空间，以供后人观赏回味中国古建筑文化；另一方面，通过挖掘、记载和提升村落文化，为村民和旅游者留下丰富的中国传统文化精神空间。此外，倡导先进的文化旅游村居思维，加快睦邻和谐关系的建设，使金山村真正成为游客宜游、乡民宜居的美丽乡村。

　　目前，金山村的规划建设已基本完成，修复好的祠堂和古建筑群在蓝天白云的映衬下，像一位古时隐居的才子学者，飘逸灵秀，咏古诵今。村边的水塘内荷田连连，真所谓"接天莲叶无穷碧"。美丽的金山村正吸引周边无数慕名前来的游客。

附录

设计团队简介

湖南农道建筑规划设计工程有限公司，业务涉及建筑规划设计、项目策划定位、美丽乡村建设、特色小镇建设、园林景观设计及工程咨询等。"湖南农道"坚持精品化的研究和实践方向，不断创新，充分利用海外与本土相通的文化理念以及创意资源优势，以专业的设计和优质的服务满足客户需求。通过不断的业务实践，在古村落保护、旧城保护与改造以及乡村规划与建设领域拥有独到的见解，并且在规划设计、公众参与、现场工艺与进度把控等方面积累了丰富的经验。通过一个个落地实施的项目，设计方法得以不断地调整和印证，从而形成涵盖规划建筑、景观室内、标识标牌、土壤改良、"软件"运营等整套工作方法，确保项目的完整性和统一性。公司致力于将先进的设计理念与本土深厚的传承文化相结合，将科技与环保相结合，将技术与美感相结合，构筑以人为本、自然生态、具有艺术设计感的美好家园。

业务范围

策划定位、建筑规划设计、美丽乡村建设、特色小镇建设、园林景观工程等。

企业文化

秉承"传承中国文化，建设美丽中国"的使命，倡导"从零到一"的创新精神，坚持"脚踏实地、解决问题、创造价值"的核心价值观。

项目遍布全国30个省及东南亚地区。城市项目：海南国家南海博物馆、缅甸仰光皇家酒店、岳阳步步高新天地、南湖壹号、长沙金鹰大厦广场、中航翡翠湾、常德德江南商贸物流园、北京师范大学常德附属学校等。乡建项目：汝城金山村、韶山村、高椅古村、阜平马驹石村等。其中，金山村项目荣获2016美居奖"中国最美旅游度假区"称号。

建筑设计师 胡鹏飞

加拿大康考迪亚大学学士

香港科技大学硕士

湖南农道建筑规划设计工程有限公司创始人、总经理

建筑设计师 周杰军

80后建筑师、室内设计师，毕业于哈尔滨理工大学。

2012年加入梁志天室内设计（北京）有限公司，2015年回到老家湖南长沙，加入湖南农道建筑规划设计工程有限公司。

在农村长大，对乡村有着特殊的感情，喜欢和村民打交道。在艰辛的驻村生活中，努力探讨，优化设计，追求美丽乡村建设的"无极之道"，受到村民的大力支持和广泛认可。

"绿十字"简介

"绿十字"作为一家民间非营利组织，成立于2003年。十多年来，"绿十字"秉承"把农村建设得更像农村""财力有限，民力无限""乡村，未来中国人的奢侈品"的理念，开展了多种模式的新农村建设。

项目案例：

湖北省谷城县五山镇堰河村生态文明村建设"五山模式"

湖北省枝江市问安镇"五谷源缘绿色问安"乡镇建设项目

湖北省广水市武胜关镇桃源村"世外桃源计划——乡村文化复兴"项目

湖北省十堰市郧阳区樱桃沟村"樱桃沟村旅游发展"项目

河南省信阳市平桥区深化农村改革发展综合试验区郝堂村"郝堂茶人家"项目（郝堂村入选住建部第一批"美丽宜居村庄"第一名）

河南省信阳市新县"英雄梦·新县梦"规划设计公益行项目

四川省"5·12"汶川大地震灾后重建项目

四川省雅安市灾后重建项目雪山村与戴维村

湖南省怀化市会同县高椅乡高椅古村"高椅村的故事"项目（高椅村入选住建部第三批"美丽宜居村庄"）

湖南省汝城县土桥镇金山村"金山莲颐"项目

河北省阜平县"阜平富民，有续扶贫"项目

河北省邯郸县河沙镇镇小堤村"美丽小堤·风情古枣"全面"软件"项目（小堤村项目被评为"2016年中国十大最美乡村"第一名）

　　"绿十字"在多年的乡村实践过程中，非常重视"软件"建设，包括乡村环境营造（资源分类、处理技术引进、精神环境净化），基层组织建设（党建、村建、家建），绿色生态修复工程（土壤改良、有机农业、水质净化、污水处理），村民能力提升（好农妇培训、女红培训、电商培训、家庭和谐培训），扶贫产业发展（养老互助、产业合作、教育基金，扶贫项目引人），传统文化回归（姓氏、宗祠、民俗、村谱），乡村品牌推广（文创、度假管理），美丽乡村宣传（通讯、微信、网站、书刊、论坛、大赛、官媒）等。从 2017 年起，"绿十字"乡村建设开始运营前置与金融导入，进入全面的"软件运营"时代。

致 谢

感谢"绿十字"的孙君、孙晓阳、王强、叶榄、廖星臣等老师对项目建设的精心指导，尤其是在孙君老师和孙晓阳老师的大力支持下，我们才完成项目建设。孙君老师以严谨求实的做事态度、兢兢业业的敬业精神，对每处项目点进行检查，并给出合理的意见和建议。孙晓阳老师孜孜以求的工作作风和大胆创新的进取精神，对团队成员产生重要的影响，她渊博的知识、开阔的视野和敏锐的思维给每位设计师深深的启迪。叶榄老师对村庄资源分类的宣传，让村民养成爱护环境的好习惯，对环保公益事业的执着影响着项目成员。王强老师对村庄中的每个姓氏家谱进行梳理，促使村民之间和谐相处，为今后的村庄建设铺平道路。廖星臣老师来到金山村给村民讲解村庄未来的发展前景，为村庄建设出谋划策，帮助村民摆脱传统思想的束缚，为美丽乡村建设打开"另一扇窗"。

感谢汝城县政府领导对项目建设的投入和关注。县政府特意在村庄成立了"金山村美丽乡村建设指挥部"。我们深深地感到政府心系百姓、服务社会的热情，这彰显出汝城县政府以人为本、执政为民的理念。

感谢汝城县义昌市政工程有限公司、郴州市祥云园林景观工程有限公司等施工方的每位员工对项目的建设的辛苦付出，正因为他们的"匠人精神"和一丝不苟的工作态度，设计方案才能完美落地，正所谓"一个优秀的项目是三分设计 + 七分施工"。在项目施工过程中经常遇到我们设计的节点无法实施，尤其是我们对一些古建筑结构的设计会与当地的传统形式或者构造做法有很大出入，这个时候工匠们会和我们设计方一起研讨做法。设计师可以充分吸取工匠们的施工经验，学到了传统工艺和施工技巧，工匠们在互动过程中也接触到了设计知识，积极地投入创造，促使双方都发挥主观能动性推动项目建成。

周杰军

图书在版编目（CIP）数据

把农村建设得更像农村. 金山村 / 胡鹏飞，周杰军
著. —— 南京 ：江苏凤凰科学技术出版社，2019.2
（中国乡村建设系列丛书）
ISBN 978-7-5537-9853-0

Ⅰ. ①把… Ⅱ. ①胡… ②周… Ⅲ. ①渔业－农业建
筑－建筑设计－郴州 Ⅳ. ①TU26

中国版本图书馆CIP数据核字(2018)第275756号

把农村建设得更像农村　金山村

著　　　者	胡鹏飞　周杰军
项 目 策 划	凤凰空间／周明艳
责 任 编 辑	刘屹立　赵　研
特 约 编 辑	王雨晨

出 版 发 行	江苏凤凰科学技术出版社
出版社地址	南京市湖南路1号A楼，邮编：210009
出版社网址	http：//www.pspress.cn
总 　经 　销	天津凤凰空间文化传媒有限公司
总经销网址	http：//www.ifengspace.cn
印　　　刷	北京市雅迪彩色印刷有限公司

开　　　本	710 mm×1 000 mm　1／16
印　　　张	11
版　　　次	2019年2月第1版
印　　　次	2019年2月第1次印刷

标 准 书 号	ISBN 978-7-5537-9853-0
定　　　价	58.00元

图书如有印装质量问题，可随时向销售部调换（电话：022-87893668）。